ARMマイコンによる組込みプログラミング入門

ロボットで学ぶC言語

《改訂2版》

ロボット実習教材研究会 ● 監修
ヴイストン株式会社 ● 編

Ohmsha

本書に掲載されている会社名・製品名は、一般に各社の登録商標または商標です。

本書を発行するにあたって、内容に誤りのないようできる限りの注意を払いましたが、本書の内容を適用した結果生じたこと、また、適用できなかった結果について、著者、出版社とも一切の責任を負いませんのでご了承ください。

本書は、「著作権法」によって、著作権等の権利が保護されている著作物です。本書の複製権・翻訳権・上映権・譲渡権・公衆送信権（送信可能化権を含む）は著作権者が保有しています。本書の全部または一部につき、無断で転載、複写複製、電子的装置への入力等をされると、著作権等の権利侵害となる場合があります。また、代行業者等の第三者によるスキャンやデジタル化は、たとえ個人や家庭内での利用であっても著作権法上認められておりませんので、ご注意ください。

本書の無断複写は、著作権法上の制限事項を除き、禁じられています。本書の複写複製を希望される場合は、そのつど事前に下記へ連絡して許諾を得てください。

(社)出版者著作権管理機構
（電話 03-3513-6969, FAX 03-3513-6979, e-mail: info@jcopy.or.jp）

JCOPY ＜(社)出版者著作権管理機構 委託出版物＞

はじめに

必要性、重要性の高まる組込み関連技術

　昨今のモバイルシステムやデジタル家電の普及、産業機器の情報化が進むなかで、私たちの生活のあらゆるところにマイコンが組み込まれるようになりました。自動車やスマートフォン、デジタルカメラは代表的な例ですが、ほかにもデジタル家電（TV、BD レコーダー、電子レンジ、スピーカーなど）、自動ドア、通信機器など、普段意識をしないところにまでマイコンが使われており、いわば「縁の下の力持ち」となって私たちの生活を支えています。

　このように、マイコンは社会で重要な役割を担っている一方、それを使ったシステムの開発・プログラミングはハードルが高く、また、学習範囲が広範にわたるうえに、学習用の環境や情報がまだ十分でないため、技術者を育成しづらいという問題が存在します。特に、高校・高専・大学・企業などの教育現場では、初心者には難易度が高い電子工作を要求するものや、入門書でもすでに一定の知識を前提にしているものが多いなど、マイコンのプログラミング初学者が、手軽に使える実習書や実習教材はなかなか見当たらないのが現状でした。

本書の使い方は、まずは「習うより慣れろ」

　本書は、中学校・高等学校・高専・大学・企業において C 言語による組込みプログラミングを初めて学ぶ方を対象としていますが、環境構築の具体的な説明や、実際にロボットを動かせるサンプルソースを豊富に掲載するなど、実践的な内容に比重を置いています。C 言語や組込みプログラミングについての論理的な内容は思い切って他書に譲り、まずは読者に自分で入力したプログラムでマイコンが動く達成感を味わってもらい、楽しみながら徐々に本格的な内容にステップアップしていくことを最優先に考えています。

　開発環境のセットアップや作成したプログラムのビルド方法などは、PC のスクリーンショットを多用し複雑な手順でも容易に行えるように配慮しています。また、サンプルプログラムには解説とプログラム中のコメントを豊富に掲載し、本書のサンプルプログラムを入力・確認していくなかで、C 言語による組込みプログラミングの感覚を自然につかんでいけるように考えています。

　「習うより慣れろ」という言葉のとおり、本書を傍らにして実際にロボットを制御できる面白さを味わいながら楽しく学習を進めていただければ幸いです。

市販の教材ロボットでそのまま学習ができる

　本書の内容を実践できる教材ロボットキット「ビュートローバー ARM」と学習用 CPU ボード「VS-WRC103LV」は、電子部品販売店やロボット専門店にて市販されており、本書とこれらのキットを入手すれば、すぐに本書に沿って学習を始めることができます。また、本書の内容に類似したサンプルプログラムをヴイストン株式会社の Web ページよりダウンロードでき、理解しづらい部分の確認や応用方法などを参照できます。

　これらの教材を利用することで、組込みマイコンの学習を始めるにあたって大きな困難となりやすい「開発・動作環境の準備」が非常に簡単に実現します。もちろん、教材には豊富な I/O やセンサ・コントローラなどの拡張デバイスが用意されているので、発展的な学習も十分対応できます。

　個人で組込みプログラミングを基礎から学びたいという初学者はもちろん、学校の講習のように人数分の教材を用意して学習を行う場合でも、本書と教材キットを組み合わせて「習うより慣れろ」を実践していくことで、より高い学習効果を上げられるものと確信しています。

実社会で広く使われている ARM マイコンを採用

　私たちは、実社会で役立つスキルを身につける観点から、実社会で広く使用されているマイコンに早くから親しむことが望ましいと考えています。

　本書で採用している ARM マイコンは、学習用もさることながら、スマートフォン、デジタルカメラ、自動車など社会のさまざまなシーンで広く活躍している代表的なワンチップマイコンです。さらに全世界の市場で高いシェアを持ち、世界の組込みマイコン市場ではほぼスタンダードな存在となっています。コンパイラを備えた統合開発環境「LPCXpresso」も NXP セミコンダクターズ社より無償で提供されており、手軽に実践的な組込みプログラミング学習を始めることができるのも ARM マイコン採用のメリットです。

　最後になりましたが、本書の執筆にあたり監修など多くのご指導をいただきましたロボット実習教材研究会の先生方、オーム社書籍編集局の皆様にこの場をお借りして厚くお礼を申し上げます。

2018 年 4 月

編者しるす

目次

学習の前に..1

第1章　C言語プログラミングの環境構築

1.1　LPCXpresso のインストールとセットアップ.........................7
1.1.1　LPCXpresso のダウンロード.......................................7
1.1.2　LPCXpresso のインストール......................................12
1.1.3　LPCXpresso の起動と認証...16

1.2　PC と CPU ボードとの接続、プログラムの書き込み..........21
1.2.1　ワークスペースのフォルダー名の確認・変更.................21
1.2.2　サンプルプロジェクトのインポート.............................24
1.2.3　サンプルプロジェクトのビルド...................................27
1.2.4　CPU ボードへのプログラムの書き込み..........................28

第2章　C言語プログラミングを始めよう

2.1　C言語の概要...33
2.1.1　C言語の歴史と特徴..33
2.1.2　C言語の仕組みとファイル構造...................................34

2.2　C言語の基礎...37
2.2.1　文法の基本..37
2.2.2　定数と変数..40
2.2.3　数式...44
2.2.4　関数...46
2.2.5　「LED 点滅」サンプルプログラムのソース解説...............49
2.2.6　ビルドエラーとデバッグについて...............................51

2.3　プログラムの構造..53
2.3.1　C言語における繰返し構造（for、do/while）..................54
2.3.2　C言語における選択構造（if、switch/case）..................58

v

目次

2.4	配列変数	64
2.5	ポインタ	66

第**3**章　ロボットをC言語で動かしてみよう

3.1	LEDを光らせてみよう	73
3.2	PWMでブザーやモータを制御してみよう	78
3.3	アナログ入力から赤外線センサ値を読み込もう	86
3.4	タイマを使って処理を同期させよう	90
3.5	センサ1個を使ったライントレースをしてみよう	91
3.6	センサ2個を使ったライントレースをしてみよう	96

第**4**章　拡張部品でロボットをステップアップさせてみよう

4.1	ロータリーエンコーダを使ってみよう	99
	4.1.1　ロータリーエンコーダの原理	99
	4.1.2　ロータリーエンコーダの取付け	101
	4.1.3　決まった距離だけ進むプログラム	102
	4.1.4　一定の速度で進むプログラム	104
4.2	ロボットを無線操縦してみよう	108
	4.2.1　VS-C3の取付け	108
	4.2.2　VS-C3を使ったプログラム	109
4.3	ArduinoとI²Cで連携してみよう	112
	4.3.1　I²C（IXBUS）とは	112
	4.3.2　VS-WRC103LVとArduinoの接続	113
	4.3.3　Arduinoから値を取得するプログラム	115
	4.3.4　Arduinoへ値を送信するプログラム	120
4.4	大出力モータを動かす「研究開発用台車ロボット」	123
4.5	Bluetooth（SSP）モジュール「VS-BT003」を用いた タブレットとの連携	125
4.6	その他の拡張事例	134
	4.6.1　平行2輪倒立振子ロボット「ビュートバランサー2」	134

付録 **1**   ARM Cortex-M3　LPC1343　仕様

A1.1　特徴 137
A1.2　内部ブロック図 139

付録 **2**   VS-WRC103LV

A2.1　仕様 140
A2.2　入出力について 140
　　A2.2.1　通信コネクタ（CN1） 140
　　A2.2.2　DC モータ出力（CN3、4） 141
　　A2.2.3　LED 142
　　A2.2.4　ブザー出力 143
　　A2.2.5　スイッチ入力（SW1） 144
　　A2.2.6　アナログセンサ入力（CN6、7、8、9） 145
　　A2.2.7　IXBUS（CN13） 146
　　A2.2.8　VS-C1 接続用コネクタ（CN14） 147
　　A2.2.9　拡張 I/O（CN5、CN10） 148
　　A2.2.10　LPC-Link 接続ポート（CN12） 149
A2.3　回路図 150

付録 **3**   プログラムマスター解説

A3.1　プログラムマスターとは 151
A3.2　起動方法 151
A3.3　画面構成 152
A3.4　シミュレータを使ってロボットを走らせよう 153
A3.5　「くり返し」ブロックを使ってみよう 156
A3.6　「条件分岐」を使ってみよう 158
A3.7　まとめ 161

索引 163

COLUMN	10 進数、2 進数、16 進数	41
COLUMN	条件式	56
COLUMN	ビット演算	62
COLUMN	レジスタ	75
COLUMN	PWM 制御とタイマ	78
COLUMN	周期、周波数	84
COLUMN	A/D 変換	87
COLUMN	赤外線センサ	92
COLUMN	ライントレース	93
COLUMN	I/O 拡張ボード「VS-WRC004LV」	104
COLUMN	大出力モータアンプボード「VS-WRC006」	124
COLUMN	シリアル通信	127
COLUMN	Bluetooth	129

学習の前に

ARMマイコンとは

ARMマイコンは、ARM社によって設計されたCPUアーキテクチャ「ARMアーキテクチャ」を持つマイコン一般を示します。特長としては、一般の32 bit・64 bit組込みマイコンとしては高機能であるにもかかわらず、その消費電力が非常に低いことが挙げられます。これにより、携帯電話・携帯ゲーム機を中心に広く採用され、さらに家電・PC用周辺機器・電子楽器などにも利用の幅が広がり、現在では世界の32 bitの組込みマイコン（RISC）利用率において約75%のシェアを持つといわれています。

ARM社はARMマイコンを自社で開発・製造しているのではなく、CPUコアのアーキテクチャ（設計図）をIP（知的財産）として半導体メーカー各社にライセンス提供しています。半導体メーカーはそれをベースにメモリなどの周辺回路を設計し、マイコンとして市場にリリースしています。そのため、同じCPUコアをベースに開発されたマイコンは系列機種となり、それぞれの機種で技術を共有しやすいという特徴があります。

IoT機器のメインボードとしてよく用いられるシングルボードコンピュータにも多く採用されており、その需要は今後ますます高まってくるものと思われます。

ARMマイコンを使う利点

現在、国内外にはさまざまなマイコンが流通していますが、その中でARMマイコンを選択する利点を説明したいと思います。

① 低価格かつ高性能

ARMマイコンに搭載されるARMコアは、内部の構造がシンプルなため、消費電力が低く、低価格で製造、販売されています。その一方で、高い演算能力も持ち、低価格、高性能、低消費電力なCPUコアとして、多くのメーカーが自社のCPUボードに採用しました。ARMマイコンが使われた機器は多岐に渡りますが、その多くは携帯電話に利用され、携帯電話の普及とともに、世界的に広く利用されるようになりました。

② 同一のアーキテクチャで広い範囲をカバー

ARMマイコンは豊富なラインナップを誇りますが、根本は同一のアーキテクチャを持ちます。そのため、家電など組込み機器に利用可能な小規模なマイコンから、OSを搭載して高度

な処理を行うスマートフォンなどに搭載される大規模なマイコンまでを、「ARM マイコン」の一括りで広くカバーできます。

また、ARM コア以外は製造メーカーが独自の機能を付加して販売できるため、ARM マイコンのラインナップより、必要とする機能に合った種類を選択することができます。

これらの特徴より、多様な商品を開発する場合でも、同じ開発環境や蓄積した技術を利用できるため、ARM マイコンを使い続けることで、次の商品の開発にかかる時間、コストを節約することができます。

③ 圧倒的な普及率

前述のとおり、ARM マイコンは世界の組込みマイコン市場で圧倒的なシェアを持ちますが、その中でも特に今後のトレンドとなる携帯電話・携帯ゲーム機のシェアが非常に高くなっています。そのため、これから技術者を目指す方は特に、ARM マイコンのプログラミングを学んでおくことでプログラマとしての価値が高くなると予想されます。

④ 開発環境の整備・発展

ARM マイコンは海外メーカーで開発され、これまでの流通も海外市場が主流だったため、学習するうえで、日本語の開発環境や参考文献が乏しいという問題がありました。しかし最近では、NPX セミコンダクターズ社によって、日本語の ARM マイコンの Web サイトがオープンしたり、この本で取り上げる CPU ボード以外にも、各社で ARM を搭載した汎用マイコンボードを販売し始めています。このように日本語の開発環境や情報は現在、加速度的に整ってきています。

ARM Cortex-M3 について

VS-WRC103LV の CPU コア「Cortex-M3」の特徴について説明します。

「Cortex-M3」は、最小限のメモリ・システムで最適な性能と消費電力を提供することを目標に設計されました。

高密度なコードでメモリ・消費電力を大きく節約できる「Thumb-2 命令」によって、2、3 キロバイト程度のメモリで、8、16 ビット・デバイス並みのメモリ・サイズの ARM コアに期待される高性能を発揮することができます。

周辺システム・ペリフェラルの大半を含め、CPU コアに 33 k ゲート、全体で 60 k ゲートしか使用しないため、IC の面積を小さくすることができ、極めて小さいパッケージを使用したり、0.35 μM、0.25 μM など低コストのプロセスでデバイスを製造したりすることも可能です。

また、多数の改訂を重ねたアーキテクチャによって、ハードウェア除算、シングル・サイク

ル乗算など、多くの新技術も実装されています。

ARM マイコン「LPC1343」について

本書で扱う CPU ボード「VS-WRC103LV」には、NXP セミコンダクターズ社製の ARM マイコン「LPC1343」を搭載しています。LPC1343 は、「Cortex-M3」と呼ばれる CPU コアを採用しています。

LPC1343 の主な仕様は下記のとおりです。

- CPU コア
  - Cortex-M3
- 豊富な周辺機能
  - タイマ / カウンタ
  - ウォッチドッグタイマ
  - USB
  - A/D コンバータ
  - SSP
  - I^2C
  - UART
- 内蔵メモリ
  - フラッシュ ROM:32 Kbyte　RAM:8 Kbyte
- 高速汎用入出力ポート
  - 入出力ポート：42 本

VS-WRC103LV について

CPU ボード「VS-WRC103LV」は、NXP セミコンダクターズ社製 ARM マイコン「LPC1343」を搭載し、C 言語でプログラミング学習ができるマイコンボードです。

VS-WRC103LV は 2ch の車輪制御、4ch のアナログ入力、LED・ブザーなどの基本機能に加え、オプションで「無線ゲームコントローラ」「エンコーダ」「IXBUS」などを簡単に接続可能など、多機能な仕様になっています。

PC との接続は USB 端子より行います。このとき、一般の USB 機器のようなデバイスドライバのインストールが一切必要ないため、学校備品の PC のようにソフトウェアのインストールに制限がある環境などでも非常にスムーズに導入できます。

また、I/O 拡張ボード「VS-WRC004LV」を接続して、さらに入出力ポートを増やしたり、マイコンが元来備えている I/O ポートを、ピンヘッダの追加によりすべて利用できるなど、

学習の前に

ARM マイコンの機能をフルに引き出せる拡張性の高い仕様になっています。
　このような特徴を持つ VS-WRC103LV は、教材ロボット「ビュートローバー ARM」にも搭載されている、ロボット制御に高い汎用性を持っているボードです。

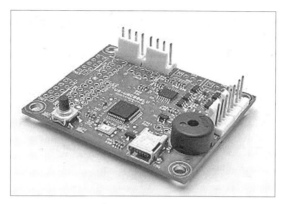

CPU ボード「VS-WRC103LV」

　プログラム学習には、命令のブロックを順番につないでプログラムを作成できる専用ソフト「ビュートビルダー 2」と NXP セミコンダクターズ社の開発環境「LPCXpresso」が無償で使用でき、プログラムの概念を学びたい初学者から大学・企業などでの本格的な組込みプログラミング実習まで幅広く活用できます。

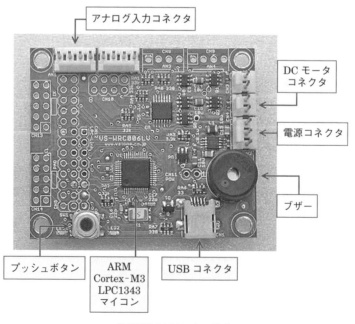

「VS-WRC103LV」の構成

回路図などの詳細な仕様は巻末の付録を参照してください。

ビュートローバー ARM とは

　ビュートローバー ARM は、モータと赤外線センサを2つずつ備えた初心者向けのロボットキットです。

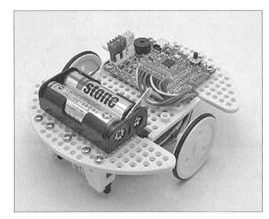

ビュートローバー ARM

　ロボット本体を制御する CPU ボードには、本書で紹介している「VS-WRC103LV」を搭載しています。車輪は、左右独立した駆動輪と、本体前後に従輪としてボールキャスターが備わっており、車輪を動かすモータはギアボックスに組み込まれています。本体前面の下側には赤外線センサが2つ備わっており、ライントレースや落下防止などのセンサに利用できます。センサはブラケットごと取り付け位置を変更でき、前面に水平向きにつけて障害物回避も可能です。電源には単三乾電池2本を使います。また、モータを動かさない場合は、PC の USB 端子から供給される電力で、CPU ボードのみ動かしてプログラミングできます。

　本体の組み立ては、2番のプラスドライバとニッパーを使用します。一般家庭によくあるような簡単な工具だけで組み立てられます。部品点数は 10 種類 15 個未満（ギアボックス部除く）と、小学校高学年程度の年齢であれば 1.5 時間程度で組み立てられるようになっています。

　ロボットを組み立てたら、CPU ボードにプリセットされているプログラムで動作確認できます。プリセットされたプログラムは「机に置くと前進・後退・左右旋回を繰り返す」「机から持ち上げるとモータを止めてブザーを鳴らす」という動作で、持ち上げられたかどうかは、ロボットが赤外線センサの情報から判断しており、この動きからセンサフィードバックなどの概念をすぐに実感できるようになっています。

第1章

C言語プログラミングの環境構築

　C言語の学習を始める前に、C言語の開発環境ソフトの導入方法について説明します。ロボットのC言語プログラミングを行うには、必ずこの章を最後まで読み進め、使用するPCへ開発環境をインストールし、サンプルソースをビルドする方法およびビルドしたプログラムをCPUボードへ書き込む方法を覚えましょう。

1.1　LPCXpressoのインストールとセットアップ

　まずは、C言語プログラミング用ソフトウェアである、NXPセミコンダクターズ社開発の統合開発環境「LPCXpresso（評価版）」を入手してPCにインストールしましょう。

　なお、NXPセミコンダクターズ社のHPの更新により、ここで掲載している情報が古くなる可能性があります。その場合はヴイストン株式会社HP内のVS-WRC103LVの商品ページにて、最新の情報がないかを確認してください。

1.1.1　LPCXpressoのダウンロード

　LPCXpressoは、NXPセミコンダクターズ社のホームページからダウンロードできます。LPCXpresso評価版のご利用は無料ですが、ビルドサイズの制限がかかっています。また、ダウンロードの際にユーザーアカウントを作成し、インストール後にインターネット経由で認証作業を行う必要があります。

① LPCXpressoのダウンロードにはNXPセミコンダクターズ社のアカウント登録が必要です。以下のURLにアクセスし、アカウント登録ページに移動してください。

　　　https://www.nxp.com/webapp-signup/register?lang_cd=ja

7

第 1 章　C 言語プログラミングの環境構築

② アカウントの作成では以下のような項目を入力してください。

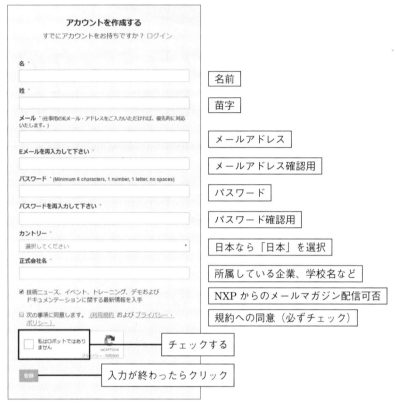

図 1.1　アカウントの作成

③「登録」をクリックすると、登録したメールアドレス宛にメールアドレス認証メールが届きますので、「Verify your email address」というリンクをクリックしてください。クリックできない場合はリンクの URL をコピーして、Web ブラウザに貼り付けてアクセスしてください。

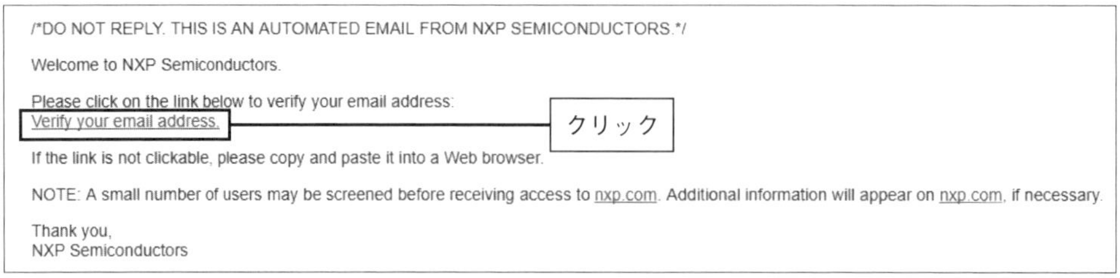

図 1.2　メールアドレス認証メール

④ URL クリック後、下記のページに遷移すればアカウントの作成は完了です。

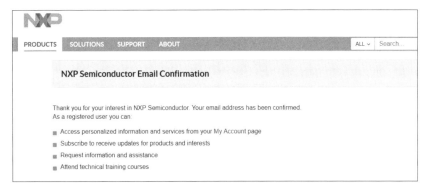

図 1.3　アカウント作成完了

⑤ 「LPCXpresso」のページ（http://www.nxp.com/lpcxpresso）へ移動し、「Download」をクリックしてください。ログイン画面が表示された場合は、登録時に入力したメールアドレスとパスワードを入力します。

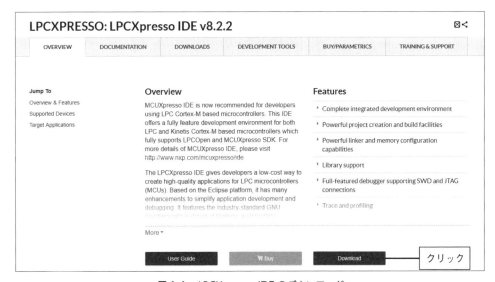

図 1.4　LPCXpresso IDE のダウンロード

第1章　C言語プログラミングの環境構築

⑥　アカウント情報のアップデートを求められた場合は、以下のような項目を入力してください。

図1.5　アカウント情報の入力

⑦　「LPCXpresso IDE for Windows v8.x.x」をクリックしてください。

10

1.1　LPCXpresso のインストールとセットアップ

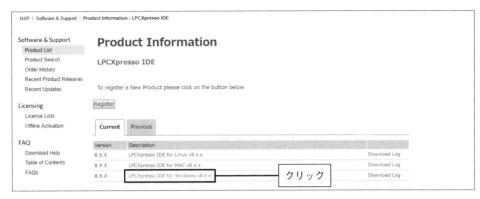

※本書で使用する CPU ボードは Windwos 環境のみでサポートされています。ここで提供されている他のプラットフォームについては、メーカーのサポートが受けられませんので注意してください。

図 1.6　ダウンロードするファイルの選択

⑧　規約に同意する画面に遷移しますので、「I Agree」をクリックしてください。

図 1.7　規約の同意

⑨　表示される一覧より「LPCXpresso_8.2.2_650.exe」のリンクをクリックしてインストーラをダウンロードしてください。クリックするとダウンロードが始まります。ファイルのサイズが非常に大きいため、ダウンロードに時間がかかる場合があります。

11

図 1.8　ダウンロード

以上で、ダウンロードは完了です。

1.1.2　LPCXpresso のインストール

ダウンロードした LPCXpresso を PC にインストールする方法について説明します。

ダウンロードしたインストーラ（exe ファイル）を実行し、以下の手順に従ってインストールを進めます。なお、インストール中にネットワークに接続することがあります。その際は、ネットワーク接続を許可して作業を進めてください。また、Windows のバージョンによって、表示が若干異なる場合があります。

1.1 LPCXpresso のインストールとセットアップ

①
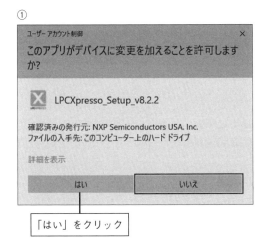
「はい」をクリック

②

「Next」をクリック

③

クリック
「Next」をクリック

④

「Next」をクリック

13

第 1 章　C 言語プログラミングの環境構築

⑤
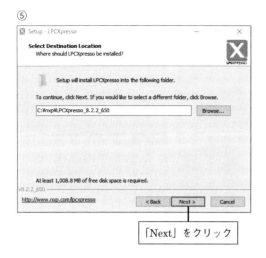
「Next」をクリック

⑥

「はい」をクリック

⑦

「Next」をクリック

⑧

「Next」をクリック

⑨

「Next」をクリック

1.1 LPCXpresso のインストールとセットアップ

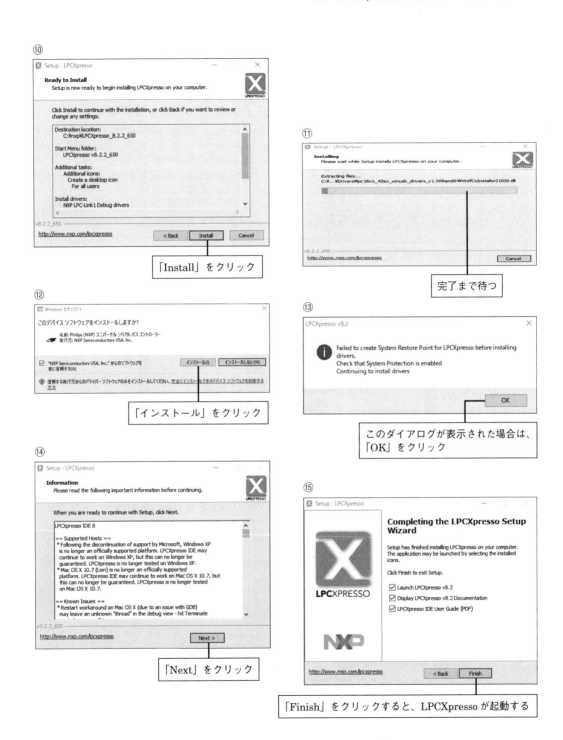

以上で、LPCXpresso のインストールは完了です。続いて次項で説明する認証作業を行ってください。

1.1.3 LPCXpresso の起動と認証

次に、以下の手順に沿って、認証作業を行います。認証作業ではインストールした PC をインターネットに接続する、または、インターネットに接続している PC が必要になります。

① LPCXpresso を起動します。起動するには、デスクトップ上のアイコンをダブルクリックするか、スタートメニューの横の検索ボックスに「LPCXpresso」と入力するなどしてプログラムを表示してからクリックします。
② 起動すると以下の画面が表示されます。

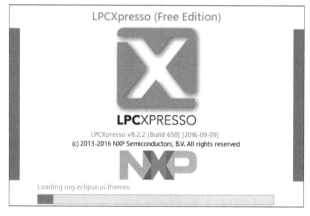

図 1.9 起動画面

③ 認証をまだ行っていない場合は、以下のようなダイアログが表示されますので、「OK」をクリックします。

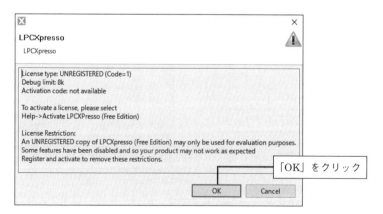

図 1.10 認証を行っていない場合

1.1 LPCXpresso のインストールとセットアップ

④ 起動すると、以下の編集画面が表示されます。

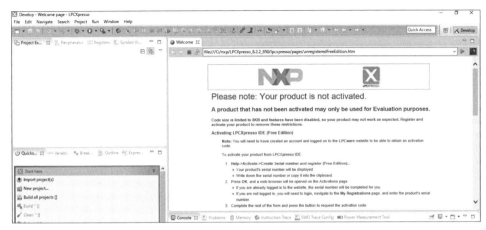

図 1.11　編集画面

⑤ ツールバーのヘルプから、「Help」>「Activate」>「Create serial number and register（Free Edition）...」を開きます。

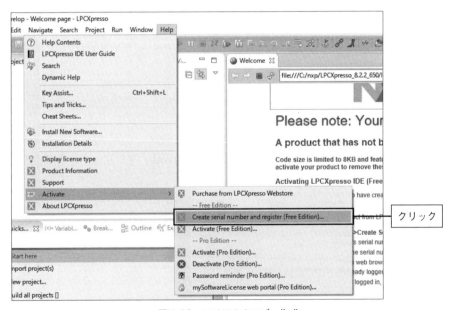

図 1.12　シリアルナンバー作成

⑥ 表示されたシリアルナンバーをメモしたりテキストファイルやクリップボードに一時的に保存しておき、「OK」をクリックします。

17

第1章 C言語プログラミングの環境構築

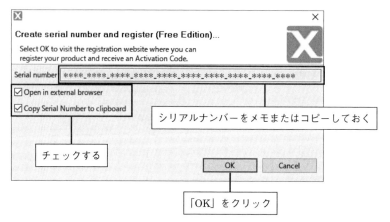

図 1.13　シリアルナンバーを表示

⑦ ログイン画面が表示された場合は、インストーラをダウンロードした際に登録したアカウントのユーザー名とパスワードを入力し、ログインします。

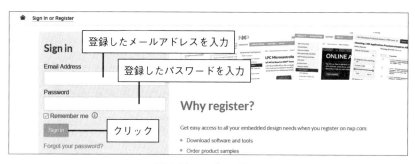

図 1.14　ログイン画面

⑧ 「My Activations」のページが表示されるので、「Activate」をクリックしてください。

図 1.15　「Activate」タブを選択

1.1　LPCXpresso のインストールとセットアップ

⑨ 「Serial Number：」の項目に、先ほど保存しておいたシリアルナンバーをコピー＆ペーストなどで入力し、「Register LPCXpresso」をクリックしてください。

図 1.16　シリアルナンバーを入力

⑩ ボタンをクリックすると、以下のように「activation code」が表示されますので、シリアルナンバーと同様の方法で保存しておいてください。保存する前にページを閉じてしまった場合は、NXP メンバーページにログインし、「SECURE APPLICATIONS」の「My LPCXpresso activations」をクリックしてください。「My Activations」タブを選択し「LPCXpresso Activation Key」で確認できます。

```
NXPログインページ：https://www.nxp.com/security/login
```

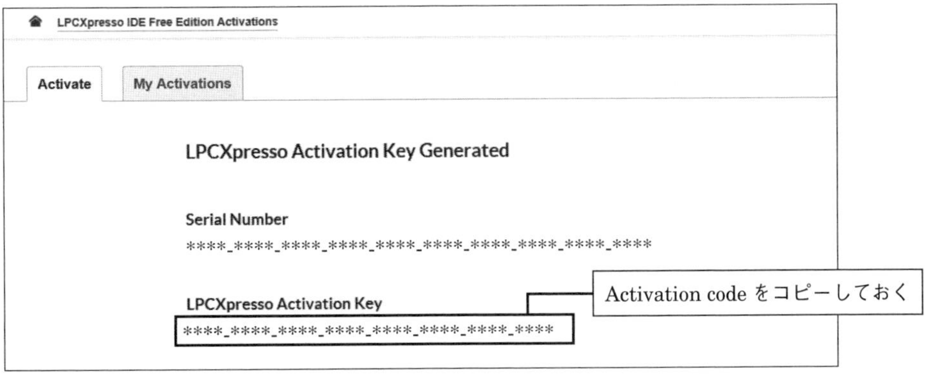

図 1.17　Activation code の表示

第 1 章　C 言語プログラミングの環境構築

⑪　LPCXpresso の「Help」メニューから「Activate」>「Activate (Free Edition)...」を選択してください。

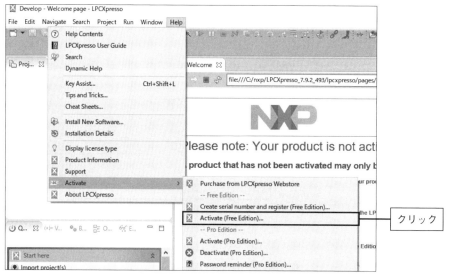

図 1.18　「Activate」を選択

⑫　入力欄が表示されるので、⑩で表示された Activation code を入力（コピー＆ペースト）して「OK」をクリックします。

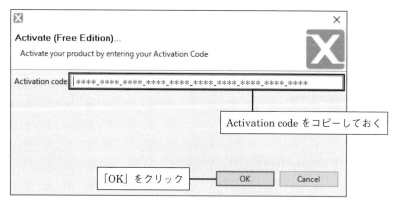

図 1.19　Activation code を入力

⑬　認証が正常に完了すると、以下のように表示され、制限が解除されます。「OK」をクリックします。

1.2 PCとCPUボードとの接続、プログラムの書き込み

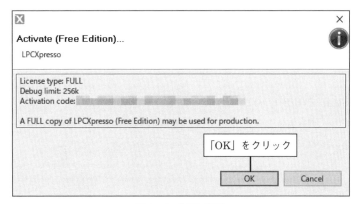

図 1.20 制限が解除

⑭ アクティベーションが完了すると、LPCXpressoを再起動してよいか確認するダイアログが表示されますので、「Yes」を選択して再起動してください。

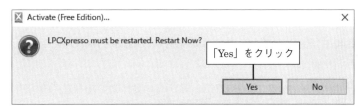

図 1.21 再起動を行う

以上で、LPCXpressoの認証作業は完了です。

1.2 PCとCPUボードとの接続、プログラムの書き込み

いよいよ、C言語のサンプルプログラムを読み込み、CPUボードへ書き込みます。ここで使用するサンプルプログラムは、各種設定を行った状態のプロジェクト単位で配布されていますので、「サンプルプロジェクト」と呼びます。

1.2.1 ワークスペースのフォルダー名の確認・変更

LPCXpressoをインストールすると、以下の場所に標準のワークスペースが作られます。このフォルダーはこれからサンプルプロジェクトのコピー先などに利用するので、場所を確認し

21

ておいてください。また、**このフォルダー名に、ユーザー名などの全角文字（日本語など）が含まれる場合、正常にビルドできませんので、ワークスペースフォルダーの変更を行ってください。**

- Windows Vista/ 7 /8/8.1/10 の場合
  C:¥Users¥ ユーザー名※ ¥Documents¥LPCXpresso_8.2.2_650¥workspace
  ※「ユーザー名」は Windows にログインしているユーザー名です。

- WindowsXP の場合
  C:¥Documents and Settings¥ ユーザー名※ ¥My Documents¥LPCXpresso_8.2.2_650¥workspace

上記の説明がよくわからない場合は、以下の手順でワークスペースフォルダーの変更を行ってください。

① LPCXpresso の「File」メニューから「Switch Workspace」>「Other...」をクリックします。

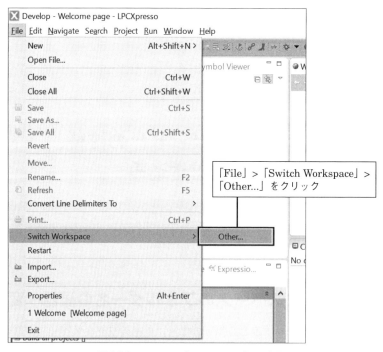

図 1.22 ワークスペースフォルダーの変更

1.2 PCとCPUボードとの接続、プログラムの書き込み

② 「Browse...」をクリックします。

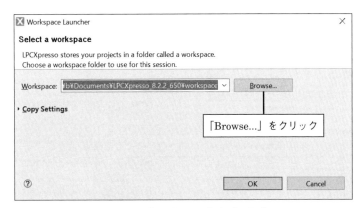

図 1.23 「Workspace」をブラウズ

③ エクスプローラーで「ローカルディスク (C:)」>「nxp」フォルダーを選択し、「新しいフォルダーの作成」をクリックします。作成された「新しいフォルダー」の名前を「workspace」に変更します。このとき、必ず半角文字で入力してください。

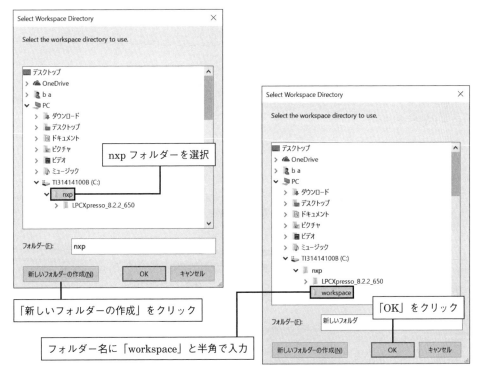

図 1.24 「Workspace」フォルダーを作成

④ workspace フォルダーが「C:¥nxp¥workspace」になっていることを確認し、「OK」をクリックします。

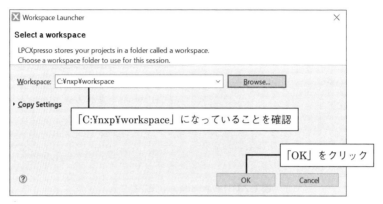

図 1.25 「Workspace」フォルダーの場所を確認

以上で、ワークスペースフォルダーの変更は完了です。

1.2.2 サンプルプロジェクトのインポート

続いて、次の手順でワークスペースにサンプルプロジェクトをインポートしましょう。

① 以下の URL より、VS-WRC103LV ダウンロードページにアクセスし、LED 点滅サンプルプロジェクト「VS-WRC103LV_Sample_LED_******.zip」（**** はバージョン）をダウンロードしてください。

http://www.vstone.co.jp/products/vs_wrc103lv/download.html

※ダウンロードページで公開しているものが最新になりますが、「ビュートローバー ARM」の CD-ROM を持っている場合は、CD-ROM 内の「C 言語_ARM¥ サンプルプロジェクト」フォルダー内にも、各種サンプルを収録しています。

② LPCXpresso を起動し、画面左下の「Quickstart Panel」の「Start here」>「Import project(s)」をクリックします。

1.2 PCとCPUボードとの接続、プログラムの書き込み

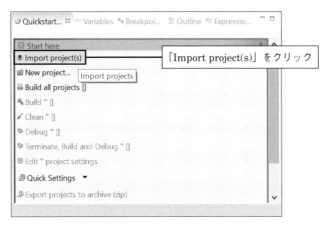

図 1.26 「Import project(s)」

③ 以下のダイアログが表示されるので、「Project archive (zip)」の「Browse...」をクリックします。

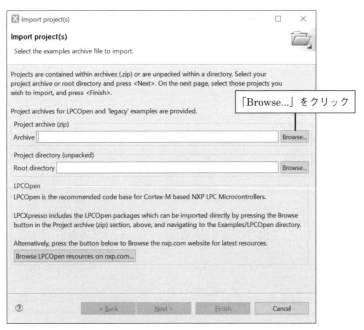

図 1.27 「Archive」をブラウズ

④ インポートするプロジェクト（ここでは、「VS-WRC103LV_Sample_LED_********_****」（**** はサンプルのバージョンの数字が入ります））の ZIP ファイルを開いて、「Next」をクリックします。

25

第1章 C言語プログラミングの環境構築

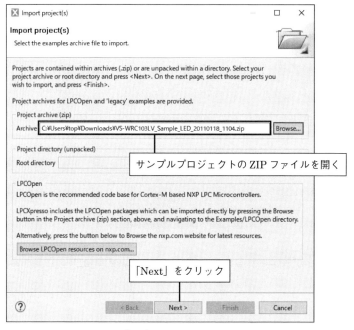

図 1.28 サンプルプロジェクトの ZIP ファイルを開く

⑤ プロジェクトが選択されていることを確認し、「Finish」をクリックします。

図 1.29 プロジェクトの選択画面

1.2　PC と CPU ボードとの接続、プログラムの書き込み

⑥「Finish」をクリックすると、画面左上の「Project Explorer」にプロジェクトが追加されます。これでプロジェクトの読み込みは完了です。

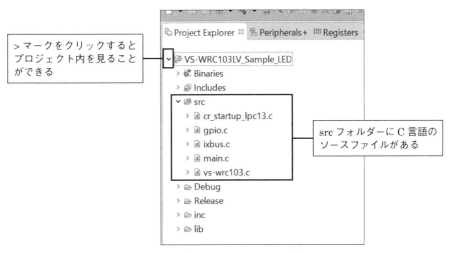

図 1.30　プロジェクトの読み込みが完了

1.2.3　サンプルプロジェクトのビルド

次に、プログラムのビルド（CPU ボードで使用する形式に変換する処理）を行います。以下の手順に従ってビルドを行ってください。

①「Project Explorer」でビルドしたいプロジェクト（ここでは、VS-WRC103LV_Sample_LED）を選択し、「Project」>「Build Project」をクリックしてビルドを開始します。

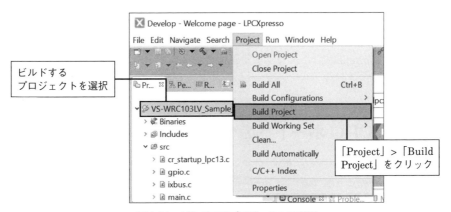

図 1.31　ビルドするプロジェクトを選択

27

② ビルドを開始すると以下のダイアログが表示されますので、完了するまで待ちます。

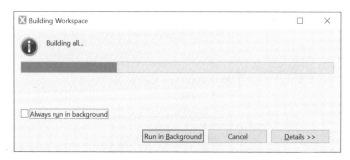

図 1.32　ビルド中のダイアログ

③ 完了するとダイアログが閉じ、画面右下の「Console」に以下のように表示されます。

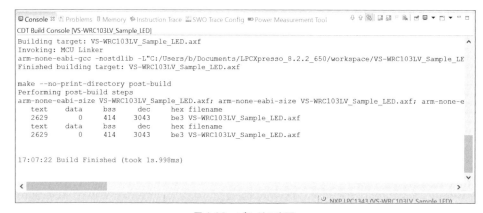

図 1.33　ビルドの完了

　ここでエラーが出た場合は、1.2.1 項のワークスペースフォルダーの変更が正常にできていない可能性があります。再度ワークスペースフォルダーの変更を行ってください（新しいフォルダーの名前に「workspace」と入力するときは必ず半角で入力してください）。
　エラーが表示されなければ、サンプルプロジェクトのビルドは完了です。

1.2.4　CPU ボードへのプログラムの書き込み

　プロジェクトをビルドすると、拡張子が「.bin」のファイルがワークスペースのプロジェクトのフォルダーに作成されます。このファイルは CPU ボードのプログラムデータで、このファイルを CPU ボードに書き込むことで、CPU ボードをプログラムどおりに動かすことができます。

サンプルプロジェクトのプログラムデータファイルは、「ワークスペースフォルダー¥VS-WRC103LV_Sample_LED¥Debug」フォルダー内に、「VS-WRC103LV_Sample_LED.bin」というファイル名で作成されます。それでは、以下の手順で、CPUボードにサンプルプロジェクトのプログラムデータを書き込んでみましょう。

① USBケーブルを外し、CPUボードの電源をオフにしてください。
② プッシュボタンを押したまま、PCとCPUボードをUSBケーブルで接続してください。USBケーブルを接続したら、プッシュボタンは離してください。

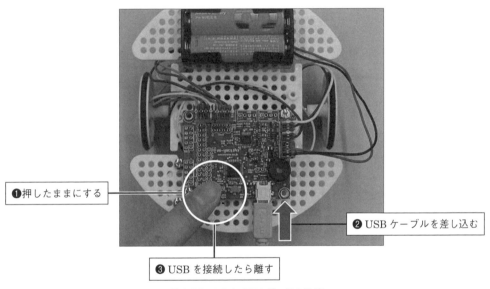

図1.34　PCとCPUボードの接続

③ CPUボードを接続したら、PCでエクスプローラーを開いてください。PCは、CPUボードが接続されてから20秒程度で認識を完了します（初めてCPUボードをPCに接続したときは、もう少し認識に時間がかかります）。認識が完了すると、CPUボードは「CRP DISABLD」という名前のドライブ名で表示されます。この名前のドライブが表示されたら、ダブルクリックしてドライブを開いてください。

第 1 章　C 言語プログラミングの環境構築

図 1.35　「CRP DISABLD」を開く

④「CRP DISABLD」を開くと、中に「firmware.bin」というファイルが 1 つ入っていますので、このファイルを削除してください。

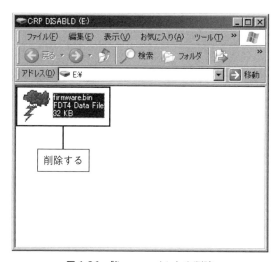

図 1.36　「firmware.bin」を削除

⑤「ワークスペースフォルダー ¥VS-WRC103LV_Sample_LED¥Debug」フォルダーより、「VS-WRC103LV_Sample_LED.bin」をコピーして、「CRP DISABLD」内に貼り付けてください。

1.2 PCとCPUボードとの接続、プログラムの書き込み

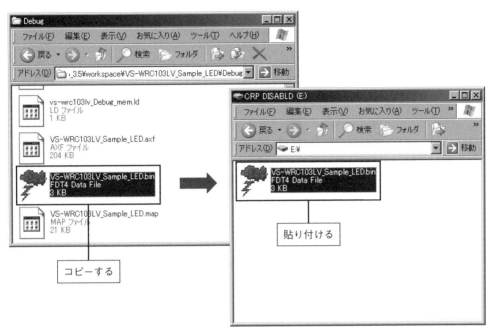

図1.37 「VS-WRC103LV-Sample_LED.bin」を「CRP DISABLD」にコピー

⑥ PCからCPUボードを取り外し、再度電源を入れると、書き込んだプログラムに従ってCPUボードが動作します。LEDサンプルプログラムの書き込みが正常に完了していると、オレンジと緑のLEDが交互に点灯します。

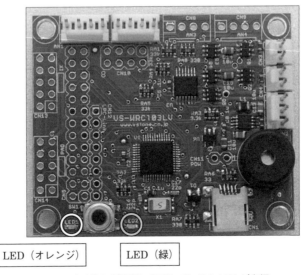

図1.38 書き込みが正常に完了しているとLEDが点灯

第1章 C言語プログラミングの環境構築

　以上でプログラムデータの書き込みは完了です。

　開発環境の構築は一度行うだけでよいですが、プロジェクトのビルドと「.bin」ファイルの CPU ボードへの書き込みは、プログラムを作成するたびに行う必要があるので、作業方法を覚えてください。

　次章からは、C言語の文法や用語などの基本的な説明を、CPU ボードで実行可能なサンプルプログラムを交えて解説します。サンプルプログラムは、この章でインポートしたプロジェクトを書き換えて作成してください。

第2章

C言語プログラミングを
始めよう

　本章では、C言語でプログラムを作成するにあたって知っておくべき概念や、考え方について解説しています。本章のサンプルプログラムを入力・実行しながらC言語プログラミングを実践し、プログラミングの基本を習得してみましょう。

2.1　C言語の概要

2.1.1　C言語の歴史と特徴

　C言語は、1970年代にアメリカで開発されました。現在では世界的に普及しているプログラミング言語です。C言語の特長としては「可読性」「移植性」に優れるという点が挙げられますが、その具体的な理由について説明していきたいと思います。

　C言語は、使用する単語や記号に、英語やアルファベットなど私たちが日常よく使用している言葉・文字を多く使用しています。そのため、プログラミング言語をまったく知らない人でも、中に記述された英単語の意味などを調べていくことで、非常に大雑把ですが「このプログラムはどのような機能のものか」「ここで記述されているのはどのような処理を実行するか」などをなんとなく理解できるかと思います。このように、比較的人間の言語に近い記述が行われているプログラミング言語を「高級言語」といいます。高級言語はこのようなわかりやすさのほかに、作成したプログラムを機械が理解できるものに翻訳する作業を伴うので、異なる機種のマイコンであっても、翻訳作業のほうでマイコン同士の差異を埋め合わせることで、プログラムの書式を統一することができます。

　一方、数字やアルファベット・記号の不規則な羅列など、人間の言語とはかけ離れた機械独自の書式を中心としたプログラミング言語を「低級言語」といいます。低級言語の代表的なものには「アセンブリ言語」があります。低級言語は機械にとってわかりやすい書式になっているため、高級言語と比較すると総じて無駄が少なく処理が高速で、また、マイコンの性能を容

33

第 2 章 C 言語プログラミングを始めよう

易に引き出せるようになっています。その反面人間が理解しづらい言語なので習得が難しく、また、書式なども非常にマイコンに依存したものになっているため、機種の異なるマイコンでは、プログラムの書式にまったく共通性がなく、移植が非常に困難なケースも多く見られました。

本書のような組込みマイコンのプログラミングは、一昔前は実行速度やメモリサイズの圧縮を優先して、アセンブリ言語を中心とした低級言語を使うのが主流でしたが、最近では、組込みマイコン用の C 言語でも改善・環境の整備が進み、低級言語に匹敵する性能のプログラム作成が可能であり、さらに前述の移植性や習得の容易さなどの利点から、C 言語が主に利用されるようになっています。本書で紹介する ARM マイコンでも、C 言語での開発が主流となっています。

⟨ 2.1.2 ⟩ C 言語の仕組みとファイル構造

先ほど「高級言語は作成したプログラムを機械がわかる言葉に翻訳する」と説明しましたが、この翻訳作業は、コンピュータ上で翻訳用のプログラムを実行して行います。この翻訳作業のことを「コンパイル」、また、翻訳を行うプログラムを「コンパイラ」といいます。

コンパイラで C 言語のテキストを翻訳すれば、コンピュータで実行できるプログラムが作成できるように思えますが、実は、C 言語ではプログラムを生成するために、もう少し複雑な工程を経る必要があります。

作成したプログラムのテキストファイル（これを「ソースコード」もしくは「ソースファイル」といいます）をコンパイルすると、「オブジェクトファイル」というファイルが作成されます。このファイルは、コンパイルしたソースコードに含まれる処理を単純に翻訳しただけのファイルであり、「プログラムを実行する方法」がファイルに含まれていないため実行することはできません。コンパイルして作成されたオブジェクトファイルは、「リンカ」というプログラムで「リンク」という作業を行うことで、ようやく実行できるプログラムに変換することができます。

作成したプログラムから直接実行ファイルを作成すればよいところを、なぜこのような面倒な手順が必要なのかについては、次の理由があります。C 言語では、規模の大きいプログラムを作る場合、複数の人が分担してソースコードを作成することがあります。ここで各自が作成したソースコードをコンパイルしても、それを何らかの方法で 1 つにまとめないと、当初の目的どおりのプログラムになりません。そこで、リンクという作業を行い、各ソースコードをコンパイルして個別にできたオブジェクトを 1 つのファイルにまとめます。

図 2.1 ソースファイルから実行ファイルが作成される手順

　これは、ページ数の多い本を複数の著者が分担して記述し、最後に編纂するという流れに類似しています。

　また、リンカのもう1つの役割として、「コンパイル（翻訳）された内容を整理してコンピュータが実行できる形式にする」というものがあります。ソースコードをコンパイルしてできたオブジェクトファイルは、私たちの日常言語に例えると、図2.2の例のように単語など短い範囲だけが翻訳されたような状態です。私たちの日常言語の翻訳でも、単純に単語を翻訳しただけでは文章の意味が通じないことが多く、日本語訳した単語を日本語の文法に従って並べ替え、また助詞などで単語間を埋め合わせる必要があります。

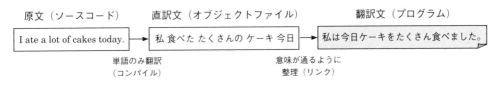

図 2.2 ソースコードを翻訳し、整理することでプログラムとなる

　これと同じように、リンカは直訳されたオブジェクトファイルを機械にとって意味が通る形に並べ替えます。具体的には、「ファイル中のどこからプログラムを開始するか」「各処理のつながりがどうなっているか」などを整理します。また、日本語訳で助詞を追加したように、プログラムを実行するために必要な要素を追加します。

　ちなみに、C言語では、コンパイラとリンカが分かれていることを利用して、開発を効率的に進めることが可能です。例えば「画面に文字を表示する」「キーボードから数値を入力する」など、非常によく使われる命令だけを最初に作ってコンパイルしておけば、後からいろんなプログラムでその命令を使用する際に、過去のオブジェクトファイルをリンクするだけですむようになります。このように、よく使われる処理だけをまとめてコンパイルしたものを「ライブラリ」と呼びます。

　一般のC言語では、前述のような「画面に文字を表示する」「ファイルを読み書きする」などの基本命令はライブラリとしてシステム中に収録されています。

第 2 章　C 言語プログラミングを始めよう

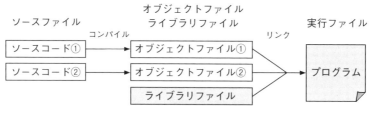

図 2.3　ライブラリの使い方

　C 言語では、ソースファイル、オブジェクトファイル、ライブラリなど多くのファイルを使用するため、コンパイル・リンクを行うときにそれぞれのファイルの置き場所などを設定する必要があります。規模の大きいプログラムでは、コンパイル・リンクするための環境構築が難しくなりますが、最近の C 言語の市販パッケージでは、このような環境構築を自動的に行い、開発者はワンクリックでコンパイル・リンクをすませることができるようなソフトが多く作られています。このようなプログラムを「統合開発環境（IDE）」といいます。ソースコードを作成するためのテキストエディタやデバッグに便利なツールなども含まれており、簡単に開発ができるようになっています。本書で使用する「LPCXpresso」も、NXP セミコンダクターズ社が無償で提供する ARM マイコン用の統合開発環境です。

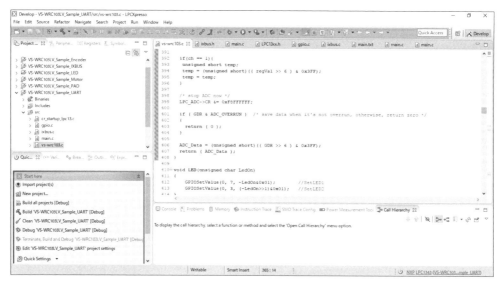

図 2.4　ARM マイコン用 C 言語統合開発環境「LPCXpresso」

　統合開発環境では、プログラムに必要なファイルを「プロジェクト」という概念でまとめて管理しています。これにより、ファイル数が多いプログラムでもコピーやバックアップが簡単にできるようになっています。

2.2　C言語の基礎

2.2.1　文法の基本

次に、C言語における文法について、サンプルソースを例に解説していきます。

```
0:   #include "lpc13xx.h"
1:   #include "gpio.h"
2:   #include "vs-wrc103.h"
3:   #include "ixbus.h"
4:
5:   int main (void)
6:   {
7:       //制御周期の設定[単位：Hz　範囲：30.0～]
8:       const unsigned short MainCycle = 60;
9:       Init(MainCycle);        //CPUの初期設定
10:      //ループ
11:      while(1){
12:          LED(1);             //緑のLED点灯
13:          Wait(1000);         //1000msec待つ
14:          LED(2);             //オレンジのLED点灯
15:          Wait(1000);         //1000msec待つ
16:      }
17:  }
```

　まず、順を追って基本的な文法を解説していきます。C言語のプログラムは基本的に上に書かれた文から順に実行されていきます。また、文末であることを明確にするため、C言語では必ずセミコロン「;」を文末に追加します。

　0～3行目はプリプロセッサの設定です。後ほど詳しく説明しますが、ここでは、プログラムを書くための設定と考えておいてください。

　5行目からメインのプログラムが始まります。プログラムは中カッコ「{」から「}」の間に記述します。

　8行目で変数の宣言と初期化をしています。変数は、数値を入れられる箱を用意し、その箱に名前をつけることで、内部に数値を持つ文字列として扱えるようにする機能です。

　9行目はCPUボードの初期化をする「関数」です。関数は内部で何かしらの処理を行っているものと考えておいてください。

　11行目は繰返し命令です。「while(1){」は無限ループといって、ずっとカッコ内の処理を繰り返します。

37

第2章　C言語プログラミングを始めよう

　12 ～ 15 行目は LED を点滅させる処理です。LED を点灯させるための関数と一定時間待つための関数を交互に記述することで、点滅するように制御しています。

　17 行目のカッコはプログラムの終わりを意味します。カッコは必ず「{」と「}」をセットで使う必要があります。17 行目のカッコは 6 行目のカッコと対になるものです。

　次に、各文法について詳しく見ていきましょう。

◢◤ 自由書式

　C 言語の文法には、必要最低限のものを除き制約が存在しません。基本的には、文字を記述する順序さえ正しければ、正しくコンパイルすることができます。例えば以下のようなことを行っても、コンパイルは問題なく行われます。

- 1 つの命令を複数行に分けて記述する
- 単語間の空白を好きなだけ入れる
- 文の先頭を好きなところで始める

　私たちの文章でも、誤字・脱字や語句の区切りの間違いさえなければ、どこで文章を改行しようと問題ないことに似ています。ただし、私たちの文章でもなるべく見やすく記述するように、C 言語のソースコードも他人から見やすい内容にする必要があります。また、文章の最後につける句点「。」と同じように、文の最後には必ず「;」をつけることを忘れないようにしてください。

◢◤ 使用できる文字・記号

　C 言語で使用する文字は、基本的に半角英数文字になります。具体的には、以下の 3 種類になります。

- 大文字・小文字を含むアルファベット（A ～ Z、a ～ z）
- 数字（0 ～ 9）
- 算術演算子や比較演算子などの記号（!"#%&'()*+,-.・:;<=>?[\]^_{|} ～）

　注意として、漢字を含む全角文字は使えません。また、アルファベットは大文字と小文字が区別されるため、予約語（後述）や宣言した変数などにおいて、アルファベットの大文字・小文字を正しく記述しないとコンパイルできません。

38

▶ 予約語

　C言語では、前述の使用可能な文字の組合せであっても、あらかじめコンパイル時に特定の意味が割り当てられた単語が存在します。例えば先ほどのソースに含まれている「const」「unsigned」「short」などの型指定子、また、「if」「while」などの命令を表す単語も予約語に含まれます。変数や関数、マクロ（詳細は後述します）などを宣言する場合、これらと同じ単語を設定することはできません。

　予約語の一例としては以下のようなものがあります。

```
void, char, short, int, long, signed, unsigned, float, double, const,
volatile, restrict, auto, extern, static, register, struct, union, enum
,switch, case, default, break, continue, if, else, do, while, for, return,
goto, typedef, inline, sizeof
```

▶ 改行・空白・字下げ（インデント）

　C言語では、前述の文字のほかに、画面に文字として表示されない半角スペースやタブスペース、改行も扱うことができます。前述のとおり、C言語は比較的自由に改行や空白を入れることができます。この特長を生かして、「区切りのよいところで改行して空白の行を入れる」「複数行がまとまった処理の場合、文頭を一定文字数だけ字下げする」といった記述を行い、ソースコードを見やすく整理できます。

▶ コメントアウト

　プログラム中に処理の内容をメモする場合は、コメントアウトという機能を使用します。「/*」と「*/」で囲まれた文字列はコンパイル時に無視されるため、ここに任意の文字列を記述することができます。この中には日本語や全角文字、予約語などを記述しても問題ありません。見やすいソースを作成するためにも、積極的にコメントを残すことが望ましいです。

　また、「//」もコメントアウトとして利用できます。これはC++言語で採用されているコメントアウトですので、C言語では使用できない場合がありますが、本書で利用しているLPCXpressoでは利用可能です。

▶ プリプロセッサ

　「#include」「#define」「#pragma」などから始まる文は、プリプロセッサです。プリプロセッサは、コンパイラがソースファイルをコンパイルする際に、その前設定として処理される命令です。命令は必ず「#」から始まります。ここでは、主に使われる「#include」と「#define」について説明します。

第 2 章　C 言語プログラミングを始めよう

#include

「#include」は、ソースコードで使用する「ヘッダーファイル」を組み込む命令です。ヘッダーファイルは、ほかのソースコードやライブラリに含まれる関数や後述のマクロをまとめて宣言したものです。「使用できる関数のリスト」と考えてもらえるとわかりやすいかと思います。VS-WRC103LV のプログラミングでは、サンプルプロジェクトにいくつかのヘッダーファイルが含まれているので、それをインクルードして関数やマクロをそのソースファイル内で利用できる状態にします。

#define

「#define」はマクロと呼ばれ、任意の文字列を別の文字列や定数に置換できる機能を持ちます。

マクロを使用する場合は、「#define」「置き換える文字列」「置き換える内容」の順番で記述し、それぞれの間に 1 文字以上の空白を設けます。例えば円周率「3.1415926」を「PI」という名前のマクロで定義するには、以下のように記述します。

```
#define PI 3.1415926
```

このように一度記述すれば、「3.1415926」の代わりに「PI」と記述できるようになるので、入力の手間や誤字が少なくなり、見た目にも数字の羅列から意味のある英単語に置き換わるので、可読性が向上します。また、組込みマイコンでは、メモリアドレスや I/O ポートの設定値などの定数をマクロで定義してプログラムを読みやすくします。

また、「2.2.2　定数と変数」で説明しますが、組込みマイコンのプログラミングでは、char や short に「BYTE」「WORD」という別名を定義している場合もあります。これらも、プログラム上の作用はまったく同じですが、数式や変数の意味をより細かく指定するために使い分けられます。

❬　2.2.2　❭ 定数と変数

C 言語では、ソース内にさまざまな数式を記述します。C 言語の数式は「定数」と「変数」で構成されます。

定数は「32」「554」など、値そのものを直接ソースに記述し、コンピュータの状態に関わらず数値が変化しないものを表します。変数は、「コンピュータのメモリ内に記憶しておく数値」を表し、ソース中の演算によって得られた数値など、実行中に変化する値を保存する場合などに利用します。

図 2.5 のように、定数は物、変数は箱のようなもので、変数は中に定数や演算結果など、いろいろな数値を入れることができ、この変数にある値を入れる操作を代入といいます。変数は数値を代入すると、演算においてその数値として扱うことができます。

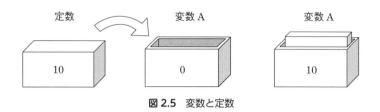

図 2.5 変数と定数

▶ 定数

C 言語における定数の書式は、普段利用する 10 進数表記のほかに、2 進数や 8 進数、16 進数なども扱うことができます。また、「'」や「"」で文字や文字列を囲むことで、文字や文字列をそれを表す数値として扱うこともできます。

表 2.1 定数

定数の書式	例	説明
整数（10 進数）	12345	数値の先頭を 0 以外で書き始め、0～9 の文字を使う
整数（2 進数）	0b1001	数値の先頭を 0b から書き始め、0～1 の文字を使う
整数（8 進数）	01234	数値の先頭を 0 から書き始め、0～7 の文字を使う
整数（16 進数）	0x3f5e	数値の先頭を 0x から書き始め、0～9、a～f の文字を使う
小数（浮動小数点定数）	42.513	0～9 の文字で記述し、数値に小数点を含める
文字定数	'a'	任意の 1 文字を「'」で囲む
文字列	"abced"	任意の文字列を「"」で囲む

> **COLUMN**
> ### 10 進数、2 進数、16 進数
>
> 10 進数とは、日常的に使う数値の表し方で、「0」～「9」までの 10 種類の数字で数値を表す方法です。これは、人の手に指が 10 本あるため、人間が使いやすいように考えられた表し方です。
>
> 一方、コンピュータは基本的に「電子回路の ON/OFF」の 2 つで数値を扱うため、2 進数が利用されています。2 進数は「0」と「1」の 2 種類の数字のみで数値を表す方法です。10 進数での「25」が 2 進数では「11001」と表されます。
>
> C 言語プログラムでは、これらの違いはコンパイラが自動的に変換してくれますが、2 進数で

第2章　C言語プログラミングを始めよう

数値を考える必要も場合によって発生します。このとき10進数と2進数を直接変換すると、桁数が非常に多くなる、見た目にわかりづらいなどの問題があります。そこで、16進数を利用すると便利です。

　16進数とは「0」から「9」までの10種類の数字に加え、「A」から「F」までの6種類の文字で数値を表します。「A」が10進数の「10」に、Bが11に、Cが12に、Dが13に、Eが14に、Fが15に対応します。16になると桁が1つ繰り上がって「10」になります。

　2進数では2のn乗で表すため、2進数を4桁ずつで区切って各数値を足すと16種類のパターンに分別できます。それを16進数の数字に当てはめることで、2進数から16進数に簡単に変換できます。この特徴から、2進数が関わるプログラミングでは16進数が一般的に利用されています。

表2.2　10進数、2進数、16進数

		2進数				
		2の4乗	2の3乗	2の2乗	2の1乗	2の0乗
10進数	16進数	16	8	4	2	1
0	0	0	0	0	0	0
1	1	0	0	0	0	1
2	2	0	0	0	1	0
3	3	0	0	0	1	1
4	4	0	0	1	0	0
5	5	0	0	1	0	1
6	6	0	0	1	1	0
7	7	0	0	1	1	1
8	8	0	1	0	0	0
9	9	0	1	0	0	1
10	A	0	1	0	1	0
11	B	0	1	0	1	1
12	C	0	1	1	0	0
13	D	0	1	1	0	1
14	E	0	1	1	1	0
15	F	0	1	1	1	1
16	10	1	0	0	0	0
17	11	1	0	0	0	1
18	12	1	0	0	1	0
19	13	1	0	0	1	1
20	14	1	0	1	0	0

変数

C 言語における変数は、ソース内では「x」「y」「ans」「avg」「z123」など、変数名として定めた任意文字列で記述します。よって変数を使う場合、「どんな文字列を変数名として扱うか」の設定も、ソース内で記述する必要があります。これを変数の宣言といいます。

変数を宣言する場合、「変数の種類（型指定子）」「1 文字以上の空白」「変数名」を順に記述します。具体的な記述例を挙げると、

「int a;」「char code;」「float param2;」

のように記述する必要があります。「int a;」と宣言した場合には、「int」という種類の「a」という名前の変数を使えるようになります。

変数名は大文字・小文字のアルファベット、もしくは「_（アンダーバー）」のどれかの文字から始める必要があります。名前を数字から始めるとコンパイラが定数と間違えてエラーが発生します。2 文字目以降は数字（0 ～ 9）を使うことができ、また名前の長さも特に制限はありません。変数の名前は、代入する数値の意味などに応じて、極力簡潔でわかりやすい命名を心がけます。

変数の種類は「型」と呼ばれ、扱う数値の大きさの範囲や内容によって、表 2.3 のように複数の種類が存在します（数値範囲などの詳細は、使用するコンパイラなどにより異なる場合があります）。また、「int」や「char」など、型の名前を表す文字列を「型指定子」といいます。

表 2.3 変数

型指定子（名称）	種類	サイズ	数値範囲
char	文字型	1 byte	$-128 \sim 127$
short	短長整数型	2 byte	$-32768 \sim 32767$
int	整数型	4 byte	$-214,783,648 \sim 214,783,647$
long	倍長整数型	4 byte	$-214,783,648 \sim 214,783,647$
float	単精度実数型	4 byte	$-3.4 \times 10^{-38} \sim 3.4 \times 10^{38}$
double	倍精度実数型	8 byte	$-1.7 \times 10^{-308} \sim 1.7 \times 1010^{308}$

変数は種類によって扱える数値の範囲やメモリサイズが異なります。図 2.6 のように、ある定数は、その数値より小さい範囲しか扱えない変数に代入することはできません。通常は、整数を扱う場合は short、int および long、小数を扱う場合は float および double、文字列を扱う場合は char を、それぞれ使用します。

また、整数型については、使用する CPU によってサイズが異なることがあります。特に int 型は、H8 は 2 byte（16 bit）、ARM は 4 byte（32 bit）のように、サイズが違うことが多くありますので注意してください。

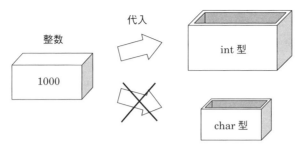

図 2.6 変数の型

　図 2.7 のように、実数型から整数型に数値を代入する際など、それぞれが扱える数値の範囲を超えた値を代入すると、別の値に変化してしまうため、扱う数値の範囲に対応できる種類の変数を宣言する必要があります。また、マクロの項でも触れましたが、本書で使用する CPU ボードを含む組込みマイコンのプログラミングでは、char を「BYTE」、short を「WORD」という別名で定義している場合もあります。

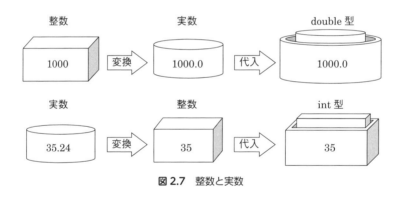

図 2.7 整数と実数

2.2.3 数式

　C 言語における数式は、使用する記号や書式に一般的な数式と共通するところが多いですが、一部異なる部分があります。

　C 言語の数式では、四則演算を表す算術演算子として「+（加算）」「-（減算）」「*（乗算）」「/（除算）」「%（剰余算）」の 5 種類を使います。乗算・除算の記号が一般の数式で使われる「×」「÷」とは異なるので注意してください。また、「%（剰余算）」は除算の余りを求める演算子です。

　例えば、int 型の変数 ans に 9 と 4 を使った四則演算の答えを代入する場合は、それぞれ以下のように記述します。

例)

加算	：ans = 9 + 4	結果 ans は 13
減算	：ans = 9 - 4	結果 ans は 5
乗算	：ans = 9 * 4	結果 ans は 36
除算	：ans = 9 / 4	結果 ans は 2
剰余算	：ans = 9 % 4	結果 ans は 1

　また、数式の結果を変数に代入するために、代入演算子「=」を使用します。= の使い方も通常の数式とは異なり、「右辺の計算結果を左辺に代入する」という役割を持っています。変数に任意の定数を代入する場合は、以下のように代入演算子だけを使います。

例)

代入　：ans = 23　　　　結果 ans は 23

　また、数式には定数だけでなく、プログラムで宣言した変数を組み込むことができます。例えば int 型の変数 a、b の合計を、変数 c に代入する場合は以下のように記述します。

例) int 型の変数 a が 3、b が 4 のとき

加算　：c = a + b　　　　結果 c は 7

　さらに、結果を代入する変数自体を数式に使用することができ、その場合は現在の変数の値を使って求められた答えを、改めて変数に代入します。
　例えば、現在値が 3 の変数 d を使って

例) int 型の変数 d が 3 のとき

d = d * 5　　　　結果 d は 15

という計算を行うと、3*5 という計算を行い、変数 d の値がその答えで更新されます。
　ほかにも、C 言語の数式では、四則演算の実行順序やカッコ「( )」の使用など、一般的な数式と同じ規則で計算が行われます。

例) int 型の変数 a が 3、b が 2 のとき、

ans = a * (5 + b)　　　　結果 ans は 21

第2章　C言語プログラミングを始めよう

　また、算術演算子と代入演算子を組み合わせて「+=」「-=」「*=」「/=」と記述すると、「右辺の計算結果を、併記した算術演算子で左辺の数値と四則演算し、左辺に代入する」ということが可能です。ほかにも、仮に「int a」と宣言したとして、「a++」「a--」のように「変数名++」「変数名--」とすると、「変数を1ずつ加算・減算する」（インクリメントとデクリメントという）ことができます。

例） 変数 a が 8 のとき

加算	:a += 3	結果 a は 11
減算	:a -= 3	結果 a は 5
乗算	:a *= 3	結果 a は 24
除算	:a /= 3	結果 a は 2
剰余算	:a %= 3	結果 a は 2
インクリメント	:a++	結果 a は 9
デクリメント	:a--	結果 a は 7

2.2.4 関数

　リンカの説明にて「処理のまとまり」と表現した部分を「関数」といいます。「関数」の数学的な定義は「ある変数に依存して決まる値あるいはその対応を表す式」ですが、C言語の関数も同様に「任意の数値を与えることでそれに対応する別の値を取得できる」という仕組みを持ちます。

　代表的な関数である「三角関数」を例に説明すると、$\sin \theta$・$\cos \theta$・$\tan \theta$ の θ 部分に任意の角度を入れることで、それぞれに対応する数値に変換することができます。現実の計算式では、人間が手で計算したり早見表を見たりして、対応する数値を求めますが、プログラミングではコンピュータが計算を行うので、プログラマは複雑な計算をする必要がなく簡単に答えを取得することができます。

　上記の θ のように、関数に与える数値を「引数（ひきすう）」といい、また関数から得られた答えを「戻り値」といいます。引数は関数の種類によって複数の数値を与えられますが、戻り値は基本的に1つの値しか受け取ることができません。また、中には引数や戻り値がない関数もあります。引数や戻り値の種類は、前述の変数の型指定子と同一です。また、引数には定数、変数、数式を自由に記述できます。

▶ main 関数

　C言語だけの特別な関数に「main 関数」というものがあります。C言語は関数を複雑に組

み合わせた構造になっていますが、必ずこの main 関数からプログラムを実行する規則になっています。

▶ 引数

　C 言語で関数を使用する場合、関数名とそれに続いてカッコ「( )」を記述し、カッコの中に引数を記述します。

　例えば、前述の三角関数を使用する場合、以下のように定数だけではなく、数式や変数を代入することもできます。

```
定数を引数とする場合：sin(3.14)
変数を引数とする場合：cos(i)
数式を引数とする場合：tan((a/180)*3.14)
```

　また、複数の引数を使用する関数では、

```
func1(12, 3 * i, x)
```

という形で各引数を「,」で区切ります。複数の引数を使用する関数では、それぞれ宣言した引数の順番で「第一引数」「第二引数」……と呼ばれます。

▶ 戻り値

　変数を使って関数の戻り値を受け取る場合は、以下のような形で記述し、前述の数式のように代入演算子を使います。

```
a = sin((a / 180) * 3.14)
```

　また、以下のように関数を変数の代わりとして、数式に組み込むこともできます。

```
a = sin((a / 180) * 3.14) * 16
```

▶ 関数の作成

　C 言語で関数を作成する場合は、変数の宣言と同じく「型指定子」「1 文字以上の空白」「関数名」を記述し、それに続いて「使用する引数」「実際の処理」を記述します。ここで選択する型指定子は戻り値に対応し、例えば戻り値が整数なら「int」、実数なら「double」などを記述します。関数の名前は変数の命名規則と同じです。引数は、関数名の後にカッコ「( )」で

47

第 2 章　C 言語プログラミングを始めよう

くくった中に記述します。引数は関数の中で変数として使用されるので、引数の記述は変数の宣言と同じように行います。最後に、実際の処理内容を中カッコ「{ }」でくくった中に記述します。

　例えば、戻り値が整数（int 型）で、整数（int 型）と実数（double 型）の引数を 1 つずつ使用する関数「func1」を作成する場合、以下のように記述します。

```
int func1(int a, double b){
     （実際の処理）
}
```

　戻り値が存在しない関数の場合、型指定子に「void」を記述します。また、引数が存在しない関数の場合、関数名の後には同じようにカッコを記述しますが、中に何も記述しません。

● 戻り値がない場合

```
void func2(int a, double b){
     （実際の処理）
}
```

● 引数がない場合（※ void は省略可能）

```
int func2(void){
     （実際の処理）
}
```

　また、作成した関数を使う場合、変数の宣言と同様に「この関数を利用できるようにします」という宣言をした後にしか使えないため、その関数を使用する箇所より前に関数を記述するか、関数の内容を省いた関数名、引数を記述する必要があります。

　後者は、「関数のプロトタイプ宣言」といいます。利用できる関数は、すべてインクルードファイル内で、すでにプロトタイプ宣言されています。自作の関数を使う場合は、関数を記述する場所やプロトタイプ宣言を忘れないように注意してください。

● 使用する前に関数を記述

```
//自作関数の本体
void func2(int a ,char b){
     （実際の処理）
}

int main(void){
    int f = 2;
    int g = 4;
//ここで自作関数を使用する
    func2(f, g);
    return;
}
```

● 関数のプロトタイプ宣言を使う

```
//自作関数のプロトタイプ宣言
void func2(int, char);

int main(void){
  int f = 2;
  int g = 4;
//ここで自作関数を使用する
  func2(f, g);
  return;
}

//自作関数の本体
void func2(int a, char b){
     （実際の処理）
}
```

プロトタイプ宣言を行うと、記載する内容が増えて面倒なだけと思われがちですが、以下のように多くのメリットがありますので、ぜひ活用してください。

- 主に編集する関数（例えば main 関数など）をソースファイルのより上部に記述できるようになるので、後々プログラムを編集する際に作業が楽になる
- ソースファイル内で関数の順番に、気を使わなくてよくなる
- プロトタイプ宣言をまとめて記述しておけば、ソースファイル内の関数を一覧で確認しやすい

2.2.5 「LED 点滅」サンプルプログラムのソース解説

それでは、ここまでの説明を踏まえて、第 1 章や本章の始めで使用したサンプルプロジェクトのソースを見直してみましょう。サンプルプロジェクトにはいくつかのソースファイルがありますが、中心となる main 関数は「main.c」というファイルに記述されています。LPCXpresso の画面左上の「Project Explorer」で「src」フォルダーの中の「main.c」をクリックしてください。

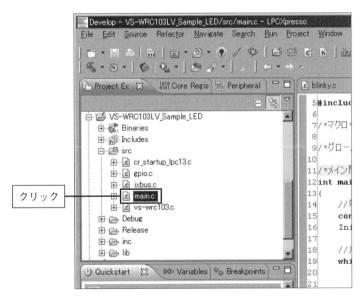

図 2.8　main.c をクリック

main.c の内容は以下のとおりです。

第2章　C言語プログラミングを始めよう

```
 0:     /*インクルード********************************************************/
 1:     #include "lpc13xx.h"
 2:     #include "gpio.h"
 3:     #include "vs-wrc103.h"
 4:     #include "ixbus.h"
 5:
 6:     /*マクロ**************************************************************/
 7:
 8:     /*グローバル変数******************************************************/
 9:
10:     /*メイン関数*********************************************************/
11:     int main (void)
12:     {
13:         //制御周期の設定[単位：Hz　範囲：30.0～]
14:         const unsigned short MainCycle = 60;
15:         Init(MainCycle);      //CPUの初期設定
16:
17:         //ループ
18:         while(1){
19:             LED(1);          //緑のLED点灯
20:             Wait(1000);      //1000msec待つ
21:             LED(2);          //オレンジのLED点灯
22:             Wait(1000);      //1000msec待つ
23:         }
24:     }
```

　1～4行目はプリプロセッサの設定です。ここでは、「VS-WRC103LV の基本的な命令をライブラリから呼び出す」という宣言を行っています。以降のサンプルソースもこれと同じ4種類のヘッダーファイルをインクルードしているので、表記は省きますがこの設定を忘れないようにしてください。

　11行目より main 関数が始まります。main 関数は「関数」の項目で説明したように、このプログラムで最初に実行される関数です。

　14行目で変数を1つ宣言しています。ここで宣言している変数「MainCycle」は CPU ボードの制御周期を設定するものです。基本的にはソースと同じく 60（60Hz）の設定で問題ありません。

● POINT

　　　MainCycle 変数の宣言の冒頭に「const」という単語が入っています。これは「作成した変数をプログラムで書き換えできないようにする」という宣言です。この宣言は、デバッグなどで変数の値が勝手に書き換えられないようにするために利用します。

　15行目は関数「Init」を実行しています。この関数は CPU ボードを初期化するもので、引

50

数として CPU ボードの制御周期の設定値を与えます。ここでは 14 行目で変数「MainCycle」に引数の数値を代入しているので、それを関数にそのまま与えます。

18〜23 行目は LED を点滅させる処理です。18 行目の「while」は、与えられた条件が成立する間は { } で囲まれた処理を繰り返すという命令です。プログラム中の「while(1)」は、処理をずっと繰り返すという設定になります。詳細は後述の「2.3.1　C 言語における繰返し構造（for、do/while）」を参照してください。

19〜22 行目が処理の内容です。関数「LED」はオレンジ・緑の LED の ON/OFF を設定し、関数「Wait」はミリ秒単位で指定の時間だけ待つ処理です。これらの関数の詳細は後述の「3.1　LED を光らせてみよう」を参照してください。ちなみに、この範囲のみ行の先頭がほかの行に比べて 4 文字インデント（字下げ）されています。このように { } で閉じられた中身などは、前の行よりもインデントしてソースを見やすくします。

変数の宣言や関数を実行している行は、必ず最後にセミコロン「;」が記入されています。C 言語では、変数の宣言や 1 つの数式の最後には、このように必ずセミコロンをつける必要があります。

2.2.6　ビルドエラーとデバッグについて

サンプルプログラムは、すでに第 1 章でビルドして CPU ボードへプログラムを書き込んでいると思いますが、プログラム中に構文の間違いなどが含まれると、ビルドエラーが発生することがあります。その場合、以下の手順で、エラーの発生した箇所を確認し、修正してください。

① プログラムにエラーがあった場合、コンソールに以下のようなビルド結果が表示されます。「Error」の後の数値はエラーがあった数を示しています。

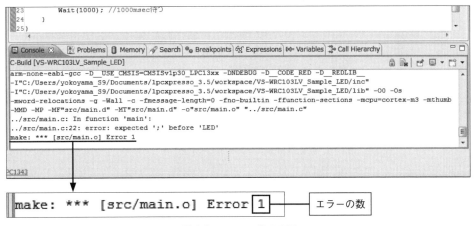

図 2.9　エラーの数の表示

② エラーの位置を確認するためには、「Problems」タブを選択し、「Errors」内のいずれかのエラーをダブルクリックすると、エディタ上で、エラー箇所が表示されます。

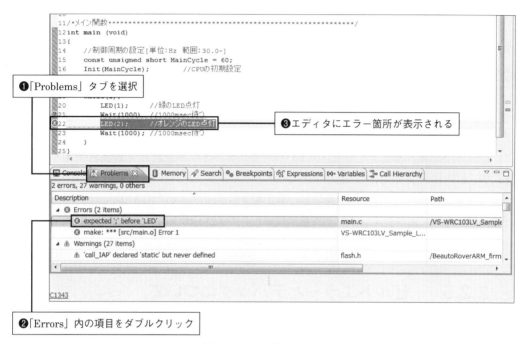

図2.10 エラー箇所の表示

③ ここでのエラーは、「LED(2);」の前の「Wait(1000)」にセミコロン「;」がないことによるものですので、そこを修正して再度ビルドします。

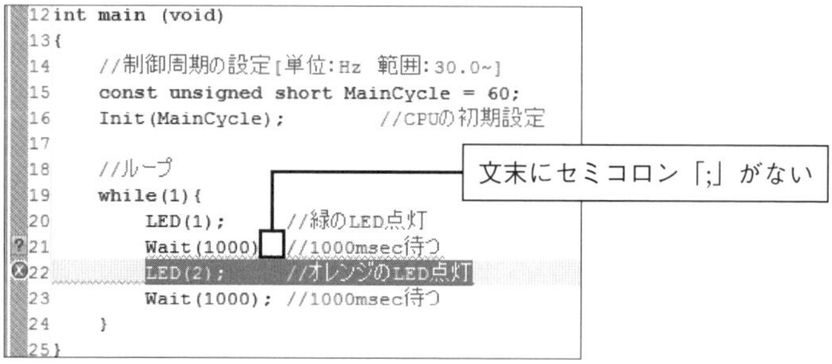

図2.11 エラーの内容

④ エラーがなくなり、正常にビルドが完了すると図2.12のように表示されます。

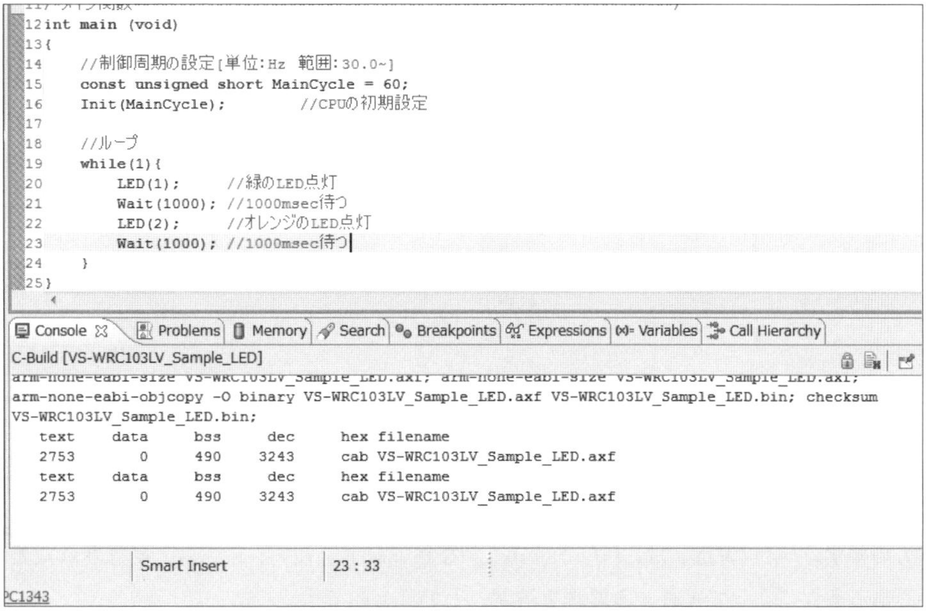

2.3 プログラムの構造

```
 12 int main (void)
 13 {
 14     //制御周期の設定[単位:Hz 範囲:30.0~]
 15     const unsigned short MainCycle = 60;
 16     Init(MainCycle);          //CPUの初期設定
 17
 18     //ループ
 19     while(1){
 20         LED(1);       //緑のLED点灯
 21         Wait(1000); //1000msec待つ
 22         LED(2);       //オレンジのLED点灯
 23         Wait(1000); //1000msec待つ
 24     }
 25 }
```

Console ☒ | 🗐 Problems | 🗓 Memory | 🔗 Search | ◉ Breakpoints | ⦿ Expressions | ⋈ Variables | 🗇 Call Hierarchy

C-Build [VS-WRC103LV_Sample_LED]

```
arm-none-eabi-size VS-WRC103LV_Sample_LED.axf; arm-none-eabi-size VS-WRC103LV_Sample_LED.axf;
arm-none-eabi-objcopy -O binary VS-WRC103LV_Sample_LED.axf VS-WRC103LV_Sample_LED.bin; checksum
VS-WRC103LV_Sample_LED.bin;
   text    data     bss     dec     hex filename
   2753       0     490    3243     cab VS-WRC103LV_Sample_LED.axf
   text    data     bss     dec     hex filename
   2753       0     490    3243     cab VS-WRC103LV_Sample_LED.axf
```

Smart Insert | 23 : 33

PC1343

図 2.12 エラーを修正して、正常にビルドが完了

　以上で、エラーの修正は完了です。

　C言語は、全角・半角の違いやアルファベットの大文字・小文字、空白の入れ方によっても、入力間違いによってビルドエラーが発生することがあります。本章のソースを初めて入力する場合は、なるべく一字一句間違えないようによく確認しましょう。また、エラーの内容によっては、エディタが示す箇所そのものではなく、そこに関連する別の箇所で問題が起こっている可能性もありますので、その点にも注意してデバッグを行いましょう。

2.3 プログラムの構造

　次に、プログラミング全般の構造について説明します。本節の内容は、C言語以外のプログラミング言語にも通じる非常に基本的な概念なので、よく理解しましょう。

　前述のサンプルプログラムは、ソースコードの先頭から順番に処理を実行する構造でした。このように、先頭から順に命令を実行する構造をプログラミングでは「順次構造」といいます。サンプルのように単純なプログラムであれば順次構造だけで処理を実現できますが、より複雑な処理をするプログラムを作成する場合、順次構造だけでは実現できない、または非効率なプログラムになることが多いため、「繰返し構造」「選択構造」という2つの構造を利用します。

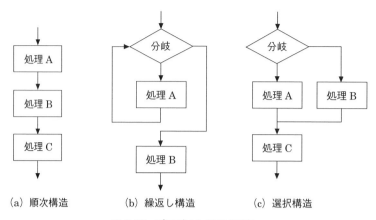

図 2.13　プログラムの構成要素

　「繰返し構造」は、「for」「do〜while」などを使い、ある条件の元で同じ処理を繰り返すというものです。「選択構造」は、「if」「switch」などの命令を使い、2つ以上用意された処理の中からある条件によって実行する処理を選ぶ、というものです。

　この「順次構造」「選択構造」「繰返し構造」はプログラムを構成する最も小さな要素であり、たとえどれだけ複雑なプログラムでも、処理を細分化していくと必ずこの3つの構造に分けることができます。プログラマは、この構造をなるべく正しい手順で簡潔に組み合わせ、「誰が見ても理解しやすい」「後から内容の改変・拡張が容易である」「エラーや問題が発生しない」というプログラムの作成が要求されます。このような考えを「構造化プログラミング」といいます。

2.3.1　C言語における繰返し構造（for、do/while）

　C言語では、繰返し構造を「for」「while」「do/while」という命令で表します。これらは用途に応じて使い分けます。「for」は規定の回数だけ繰り返す場合に、2.2 節で説明した「while」または「do/while」は規定の条件が成立する間だけ繰り返す場合に、それぞれ用いられます。

　それでは、以下のサンプルプログラムを実際に CPU ボードに書き込み、各繰返し構造の使い方を確認してみましょう。このプログラムは、緑・オレンジの LED を一定周期で点滅させ、交互に5回点滅するごとに周期を 100 ミリ秒ずつ延ばしていきます。そして、周期が1秒以上になったらプログラムを終了します。「LED の点滅」サンプルのソースを下記のとおりに書き換えて、ビルドして CPU ボードで動かしてみましょう。ビルドや CPU ボードへのプログラムの書込み方法は、第1章を参考にしてください。

```
 0:    int main (void)
 1:    {
 2:        const unsigned short MainCycle = 60;
 3:        unsigned int wait_time = 100;          //待ち時間を記録する変数
 4:        Init(MainCycle);                       //CPUの初期設定
 5:
 6:        //メインループ
 7:        do{
 8:            int i;                             //点滅のループ回数を記録する変数
 9:            for(i = 0; i < 5; i++){            //点滅のループ
10:                LED(1);                        //緑のLED点灯
11:                Wait(wait_time);               //'wait_time'msec待つ
12:                LED(2);                        //オレンジのLED点灯
13:                Wait(wait_time);               //'wait_time'msec待つ
14:            }
15:            wait_time = wait_time + 100;       //100msec加算
16:        }while(wait_time < 1000);              //点滅の周期が1秒未満の間繰り返す
17:    }
```

2～4行目は変数の宣言と初期設定を行っています。3行目は点滅周期を設定する変数「wait_time」を宣言しています。初期値に 100 を代入し、最初は 100 ミリ秒単位の周期になるようにしています。

7～16行目はメインループです。ここは「do/while」命令を用いています。これらのループや条件分岐には、条件式を記述するために比較演算子をひんぱんに利用します。

▶ do/while 文

do/while 文の書式は、「do{」から「}while(……)」の間に繰り返す処理を記述し、while の後のカッコ内に、比較演算子や論理演算子を用いて繰り返す条件を記述します。この条件を条件式といいます。

```
do{
    （A）繰り返す処理
}while( （B）条件式)
```

上記のように記述した場合、（B）の条件を満たしている間（条件が真の間）は（A）の処理を繰り返します。

プログラム内では、「wait_time の値が 1000 未満」の場合に繰り返す構造になっています。

第2章　C言語プログラミングを始めよう

COLUMN　条件式

条件式とは、ループや条件分岐において、繰り返し、分岐をする条件を指定するために使用される論理式です。真（条件を満たしている＝1）または偽（条件を満たしていない＝0）の2つの論理値をとる式で、条件が真か偽かに従って繰返しを行ったり、別のプログラムへ分岐させたりするために使用されます。

条件式は以下の比較演算子や論理演算子を利用します。

比較演算子と論理演算子

C言語で条件式などを書く際には、比較演算子（表2.4）や論理演算子（表2.5）を利用します。比較演算子は、一般の数式で使われるような等号や不等号で、論理演算で条件を記述する場合や、複数の条件を利用する場合には論理演算子を利用します。

表2.4　比較演算子一覧

演算子	機能	意味	使用例
<	比較	aはbより小さい	a < b
>	比較	aはbより大きい	a > b
<=	比較	aはb以下	a <= b
>=	比較	aはb以上	a >= b
==	等価	aとbは同じ	a == b
!=	不等価	aとbは異なる	a != b

表2.5　論理演算子一覧

演算子	機能	意味	使用例
&&	論理積	aかつb	a && b
||	論理和	aまたはb	a || b
!	否定	aではない	!a

注意として、等価の条件の際には「==」のように「=」を2つつなげます。「=」が1つの場合、代入演算子とみなされて通常の数式のように右辺の計算結果が左辺に代入されてしまいます。

▶ for文

8行目は「for」命令で使用する変数の宣言で、9〜14行目はfor文で点滅をループさせています。

for文は、主に「任意の変数をループ回数のカウンタ代わりに使い、指定の数だけ繰り返させる」という使い方をするもので、以下のような構文で表されます。

56

2.3 プログラムの構造

```
for（（A）初期化；（B）条件式；（C）カウンタ変数の更新）{
    （D）繰り返す処理
}
```

上記のように記述した場合、for の動作は以下のようになります。

① （A）の初期化をする
② （B）の条件式を確認する。条件が真なら③へ、偽ならループから抜ける
③ （D）の処理を実行する
④ （C）のカウンタ変数の更新を行い、②に戻る

プログラム中の「for(i = 0; i < 5; i++)」を例に具体的な書式を説明すると、以下のようになります。

① 変数に 0 を代入（i = 0）
② i が 5 未満であれば繰り返す（i < 5）
③ LED の点滅処理（緑 → オレンジ）を行う
④ 1 ループごとに i に 1 を加算（i++）

10 ～ 13 行目は for 文の内容です。2 つの LED の点滅を切り替え、その都度 wait_time の数値だけミリ秒単位で待機します。

15 行目は wait_time に 100 を加算し、LED の点滅の周期を長くしています。for 文の内部の処理が終わるたびにこの処理が実行され、点滅の周期が長くなります。

▶ while と do/while の違い

最初のサンプルプログラムにも while が使われていましたが、今回のプログラムとは異なり、do が存在せず do の位置に while が来ていました。これらは、それぞれの記述で処理の方法も変わるため、プログラムの内容に応じた使い分けが必要です。

各書式とも、「while を書いた行で、条件が成立するかを判断する」という規則があります。そのため、「while」は繰り返す前、「do/while」は繰り返した後に、条件整理などの判断が行われます。

例えば以下のソースでは、最初から条件が成立しないまま繰り返しが始まりますが、繰り返す処理の後に「while」が来ているため、一度繰返し内の処理を実行してから繰返しを抜けます。

57

第2章　C言語プログラミングを始めよう

```
int a = 0;
do{
    LED(1);     //この処理は実行される
}while(a != 0);
```

それに対して以下のソースでは、繰返しの内容の前に while が来ているため、繰返し内の処理を実行せずに次の処理に進みます。

```
int a = 0;
while(a != 0){
    LED(1);     //この処理は実行されない
}
```

上記のような違いがあるため、do/while は「最低限1回は処理を実行したい場合」に、while は「条件が一致した場合にのみ繰り返す場合」によく使用されます。

＜ 2.3.2 ＞ C言語における選択構造（if、switch/case）

C言語では、選択構造を「if」「switch/case」という命令で表します。

if 文は、任意の条件を設定し、それが成立するか否かで処理の流れを2つに分岐します。switch/case 文は、1つの変数および数式を与え、その内容・解の値に応じて処理を複数に分岐します。

まず if 文の使い方をサンプルプログラムで確認しましょう。次のプログラムは、一定時間で緑・オレンジの LED を交互に点滅させ、CPU ボードのプッシュボタンが押されたら点滅の周期を遅くするというものです。

```
0:   int main (void)
1:   {
2:       const unsigned short MainCycle = 60;
3:       unsigned int wait_time = 100;        //待ち時間を記録する変数
4:       Init(MainCycle);                     //CPUの初期設定
5:
6:       //無限ループ
7:       while(1){
8:           if(getSW() == 1){                //スイッチが押されていたら
9:               LED(0);                      //すべてのLED消灯
10:              wait_time = wait_time + 10;  //待ち時間を10msec加算
11:              Wait(100);                   //100msec待機
12:          }
13:          else{                            //押されていなかったら
14:              LED(1);                      //緑のLED点灯
```

58

```
15:            Wait(wait_time);      //'wait_time'msec待つ
16:            LED(2);               //オレンジのLED点灯
17:            Wait(wait_time);      //'wait_time'msec待つ
18:        }
19:    }
20: }
```

　2 ～ 4 行目は変数の宣言、CPU ボードの初期設定を行っています。変数の内容や初期設定の処理は、これまでのサンプルソースとまったく同じです。

　7 ～ 19 行目がプログラムのメインループになります。

　8 行目から if 文が始まります。

▶ if 文

　if 文は以下のように記述し、それが成立すればその後に続く中カッコ「{ }」内の処理を実行します。

```
if(条件式){
    (条件が成立したときに、実行する処理)
}
```

　また、「if」の後に「else{ }」と続けることで、条件が成立しなかった場合の処理も設定できます。また、「else if(){ }」と続けると、条件が成立しなかった場合に、さらに別の条件で比較することができます。

```
if(条件式A){
    (条件式Aが成立したときに、実行する処理)
}
else if(条件式B){
    (条件式Aが成立せず、条件式Bが成立したときに、実行する処理)
}
else{
    (条件式A、Bいずれも成立しなかったときに、実行する処理)
}
```

　このプログラムでは、CPU ボードのスイッチの入力状態を取得する関数「getSW」を呼び出し、その戻り値が 1（ボタン ON）であれば 9 ～ 11 行目の処理、そうでなければ 14 ～ 17 行目の処理をそれぞれ実行します。if 文の条件設定は do/while とまったく同じで、比較演算子を使用します。

　このプログラムで使用している関数の概要は以下のとおりです。

第2章　C言語プログラミングを始めよう

▶ BYTE getSW()

getSW 関数を実行すると、スイッチが押されているかどうかを戻り値で判定できます。スイッチが押されている場合は1、押されていない場合は0を返します。

引数

なし

戻り値

スイッチの状態。押されていれば1、そうでなければ0を返す。

▶ switch/case 文

1つの変数に対して複数の分岐を行う場合は、「switch/case」文を使用します。switch/case 文は、最初に比較対象となる変数・数式を与え、その答えや数値に応じた選択先を任意の数だけ作成できます。これと同じことを if 文で行うこともできます。ですが、「else if」をいくつもつなげ、何度も条件分を記述しなければならないため、プログラムが見づらくなったり、条件を変更する際に複数の箇所を変更しなくてはならなかったりします。

同じ分岐処理を switch/case 文と if 文で書くと以下のようになります。

```
switch([変数または数式]){
//[変数または数式]が0のとき
case 0:
    (処理A)
break;
//[変数または数式]が2のとき
case 2:
    (処理B)
break;
//[変数または数式]が5か7のとき
case 5:
case 7:
    (処理C)
break;
//[変数または数式]が上記以外のとき
default:
    (処理D)
break;
}
```

```
//[変数または数式]が0のとき
if([変数または数式] == 0){
    (処理A)
}
//[変数または数式]が2のとき
else if([変数または数式] == 2){
    (処理B)
}
//[変数または数式]が5か7のとき
else if([変数または数式] == 5
|| [変数または数式] == 7){
    (処理C)
}
//[変数または数式]が上記以外のとき
else{
    (処理D)
}
```

2.3 プログラムの構造

　それでは、switch/case 文を使用方法をサンプルプログラムで確認しましょう。このプログラムは、ボタンを押すごとに LED の点灯パターンを 4 通りに変化させます。

```
0:   int main (void)
1:   {
2:       const unsigned short MainCycle = 60;
3:       unsigned int button_count = 0;    //ボタンを押した回数を記録する変数
4:       Init(MainCycle);                  //CPUの初期設定
5:
6:       //メインループ
7:       while(1){
8:           if(getSW() == 1){             //スイッチが押されていたら
9:               button_count++;           //ボタンカウントを増やす
10:              button_count &= 3;        //数値を2bit（0～3）に収める
11:              while(getSW() == 1);      //ボタンが離されるまでループ
12:          }
13:
14:          switch(button_count){         //変数button_countの値で分岐
15:          case 0:                       //数値が0の場合
16:              LED(0);                   //両方のLEDを消灯
17:              break;
18:          case 1:                       //数値が1の場合
19:              LED(1);                   //緑のLEDのみ点灯
20:              break;
21:          case 2:                       //数値が2の場合
22:              LED(2);                   //オレンジのLEDのみ点灯
23:              break;
24:          case 3:                       //数値が3の場合
25:              LED(3);                   //両方のLEDを点灯
26:              break;
27:          }
28:      }
29:  }
```

　2 ～ 4 行目では変数の宣言と CPU ボードの初期設定を行っています。3 行目では、ボタンを押した回数を記録する変数「button_count」を宣言しています。

　7 ～ 28 行目はメインループです。

　8 ～ 12 行目はボタンの入力を確認する処理です。先ほどのサンプルプログラムと同様、8 行目にて getSW 関数の戻り値が 1 かどうかを if 文で確認しています。

　9、10 行目は、ボタンが押された回数を加算する処理です。9 行目で button_count に 1 を加算しています。10 行目で button_count の数値を 2bit（0 ～ 3）に収めています。ここで使用している「&」は論理積を行う演算子です。論理積は、2 つの数値をビット単位で計算する

61

第2章　C言語プログラミングを始めよう

ビット演算の1つで、両方のビットが1であれば1、いずれかのビットもしくは両方のビットが0であれば0を、それぞれそのビットに代入します。

14～27行目がswitch文です。14行目で比較対象となる変数（button_count）を設定し、15、18、21、24行目で、分岐先となる数値をそれぞれ「case x：」で設定しています。

各caseには、最後に「break」を入れています。breakは、switch文中に記述すると、そこでswitch文を抜けて次に進むことができます。通常は、このプログラムのように各caseの最後にbreakを入れて、次の「case y：」に進まずにswitch文を抜けるようにします。

COLUMN　**ビット演算**

ビット演算は数値を二進数の個々のビット列として演算や処理を行うものです。コラム「10進数、2進数、16進数」（41ページ）でも解説したとおり、1か0のいずれかの値を利用して数値を表しています。この1bitの情報をマイコンでは、機能のON/OFFなどにひんぱんに利用されているため、組込みプログラミングではビット演算を利用する機会が多々あります。

ビット演算には、4つの演算があり、以下のように記述します。

例)

```
NOT（~）    a = ~b      :~(0100)       →   1011
AND（&）    a = b & c   :1011 & 1100   →   1000
OR（|）     a = b | c   :1010 | 1100   →   1110
XOR（^）    a = b ^ c   :1010 ^ 1100   →   0110
```

NOT（~）

論理否定を行う演算で、すべてのビットが反転し、0が1になり、1が0になります。また、ビット演算の「~」は条件式で使用する「!」とは異なりますので注意が必要です。

表2.6　NOT真理値表

入力	出力
0	1
1	0

AND（&）

2つの数値の論理積をとる演算で、各ビット位置でどちらも1であれば出力も1となる演算です。どちらかが0であれば必ず0になるので、不要なビットを消去する際などによく利用します。

表 2.7　AND 真理値表

入力 A	入力 B	出力
0	0	0
0	1	0
1	0	0
1	1	1

OR（|）

2つの数値の論理和をとる演算で、各ビット位置のいずれかが1であれば、他方に関係なく出力も1となる演算です。

表 2.8　OR 真理値表

入力 A	入力 B	出力
0	0	0
0	1	1
1	0	1
1	1	1

XOR（^）

2つの数値の排他的論理和をとる演算で、各ビット位置のビットが違う値であれば、出力が1となる演算です。

表 2.9　XOR 真理値表

入力 A	入力 B	出力
0	0	0
0	1	1
1	0	1
1	1	0

▶▶ KEYWORD

ビットシフト（<<、>>）
　ビットシフトは各ビットを右、または左に指定した回数だけ移動させる演算です。

2.4 配列変数

プログラムを作成していると、同じ種類で同じ用途に使用する変数を何十個も必要とする場面が出てきます。こういった場合に、a1、a2、a3……とたくさん変数を宣言し、使用するのは大変です。

そこで、C言語には、同じ種類の大量のデータを扱うのに便利な「配列変数」という機能があります。

▶配列変数の宣言

配列変数の宣言は、以下のように型指定子に加え「その変数をいくつ使用するか」のサイズを与えます。以下のように宣言すると「abc」という名前の10個のint型の変数を持つ配列変数が宣言できます。

```
int abc[10];
```

変数を配列として宣言すると、同じ名前の変数を複数使えるため、「6ch分のアナログセンサ値」のように同種で複数に分かれた数値を記録するのに便利です。また、メモリ上は連続したアドレスに確保されるので、配列変数全体を後述のポインタなどを使って一度に処理（データの書込みやコピー）することができます。

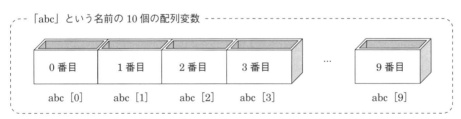

それぞれに番号が振られた連続した変数だが、呼び名は1つでよい

図2.14 配列変数

▶配列変数の使い方

それでは、配列変数を使ったサンプルプログラムを作成してみましょう。以下のプログラムは、CPUボードのブザーを各音程で鳴らすプログラムです。ブザーの原理や使い方は、第3章で詳しく解説しています。

```
 0:    int main (void)
 1:    {
 2:        //制御周期の設定[単位：Hz　範囲：30.0〜]
 3:        const unsigned short MainCycle = 60;
 4:        //8個の要素を持つ配列変数を宣言
 5:        unsigned char a[8];
 6:        int i;
 7:
 8:        Init(MainCycle);      //CPUの初期設定
 9:        LED(3);               //LED点灯
10:
11:        //配列変数に値を代入
12:        a[0] = 179;           //ド
13:        a[1] = 160;           //レ
14:        a[2] = 142;           //ミ
15:        a[3] = 134;           //ファ
16:        a[4] = 120;           //ソ
17:        a[5] = 107;           //ラ
18:        a[6] = 95;            //シ
19:        a[7] = 90;            //ド
20:
21:        //8回ループを回し、ブザーを鳴らす
22:        for(i = 0; i < 8; i++){
23:            //ブザーの音程を配列で設定
24:            BuzzerSet(a[i], 128);
25:            BuzzerStart();    //ブザー開始
26:            Wait(1000);       //0.5秒待つ
27:            BuzzerStop();     //ブザー停止
28:            Wait(500);        //0.5秒待つ
29:        }
30:    }
```

　5〜9行目は変数の宣言と CPU ボードの初期設定を行っています。

　5行目では、配列変数「a」を宣言しています。配列変数の宣言は、通常の変数と同様に型指定子と変数名を記述しますが、変数名の後に配列の大きさを「[ ]」でくくって記述します。

　12〜19行目は配列 a にドレミファソラシドに対応した数値を代入しています。代入する際は配列名の後の「[ ]」内に、配列の何番目の変数に代入するか数値または変数で記述します。

　22〜29行目は配列 a に入っている音階を、1秒ずつ鳴らしています。

　配列変数を数式で使う場合は、「a[2]」のように「変数名」の後に、「何番目の変数を使うか」を「[ ]」でくくって記述します。注意として、配列変数の番号は0から始まるため、このプログラムでは、以下の8個の変数を使うことができます。

```
a[0], a[1], a[2], a[3], a[4], a[5], a[6], a[7]
```

第 2 章　C 言語プログラミングを始めよう

　また、配列変数の番号には、定数以外にも数式を代入できるので、「a[i]」のように、for 文などの繰返し構造と組み合わせて、大量のデータを簡単にまとめて処理できるようになります。ただし、数式の解が配列変数で宣言したサイズを超えると、関係のない、間違った値を読み込んでしまうため、注意が必要です。

▶ 文字列の扱いについて

　CPU ボードには PC のように文字を出力する画面がないので、プログラムで文字列を扱う機会が少ないですが、一般的なプログラミング言語では、文字列も char 型の配列変数として扱われます。半角英数文字は、文字ごとに「ASCII コード」と呼ばれる固有の番号が割り当てられています。この ASCII コードは 0 ～ 127 の範囲のため、char 型の配列変数を使用すると 1 文字を 1 個の変数に記録でき、それを配列変数によってつなげることで文字列を形成します。

　例えば char 型の配列変数 c[3] があり、それぞれ

```
c[0] = 'a';
c[1] = 'b';
c[2] = 'c';
```

と、ASCII コードを代入すれば、配列変数 c は「abc」という文字列になります。

　文字列を配列変数で宣言する場合は、「[ ]」の中に配列変数のサイズを記述せず、その後に「=" 代入する文字列 "」と続けます。こうすると、コンパイル時に、文字列の長さに合わせて配列変数のサイズをコンパイラが自動的に設定します。

● 配列で文字列を定義する例

```
char myname[] = "John",yourname[] = "Andy";
```

2.5 ▶ ポインタ

　C 言語の特長の 1 つとして、「ポインタ」を利用できることが挙げられます。

　ポインタは、コンピュータのメモリに直接アクセスして操作できるという機能であり、組込みマイコン系のプログラムでは、メモリマップ中の割込みなどを制御するアドレスをポインタによって直接操作するような場面もあります。

　ポインタは C 言語初心者にとっては難解な機能です。理解するには時間がかかりますので、まずは深く理解しようとせず読み流す程度とし、プログラミングを行って必要になったときに再度本節を確認するようにしましょう。

66

📎 アドレス

変数を宣言する際に、「char abc = 100;」と宣言すると、実際には「メモリ上の"ある場所"に"abc"という変数を用意し、その中に"100"という値を代入する」という処理が行われます。

このときの"ある場所"をabcの「アドレス」といいます。メモリにはすべての箇所に番地がつけられています。そのメモリ中のどの番地にabcという変数があるかを示すものが、アドレスです。

変数のアドレスは「&abc」のように、変数名の前に「&」をつけることで取得することができます。

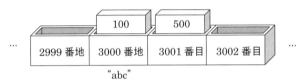

このとき　abc　：変数 abc の値（100）を指す
　　　　　&abc：変数 abc のアドレス（3000）を指す

図 2.15　アドレス

📎 ポインタ

いよいよポインタの説明です。単純にいうと、ポインタは「変数のアドレス」を入れるための「変数」です。

以下の簡単なソースで具体例を挙げて説明します。

```
char abc = 100, xyz = 20;    // ①
char *p;                     // ②
p = &abc;                    // ③
*p = xyz;                    // ④
```

① まず1 byteの変数abcとxyzを宣言し、それぞれに100と20を代入します。変数を宣言した場合、メモリが空いている場所に自動的に作成されます。ここではabcが3000番地、xyzが3002番地に作成されたことにします。

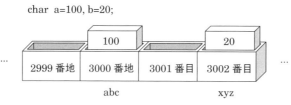

図2.16 変数 abc、xyz の作成

② 次に char 型のポインタ変数「p」を宣言します。「*」を変数名の前につけると、ポインタ変数として宣言されます。ポインタ変数も通常の変数と同じく自動的にメモリの空いている位置に作成されます。ここでは、5001 番地に作成されたことにします。

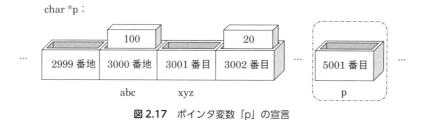

図2.17 ポインタ変数「p」の宣言

③ 次に「p = &abc」でポインタ変数 p に abc 変数のアドレスを代入します。p には abc のアドレス「3000」が代入されました。

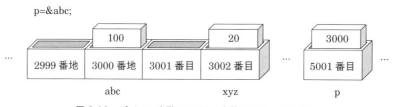

図2.18 ポインタ変数 p に abc 変数のアドレスを代入

④ 続いて「*p = xyz」で、p に入っているアドレス（ここでは 3000）にある変数（abc）に、変数 xyz の内容（20）を代入します。結果、変数 abc に変数 xyz の値が代入されます。

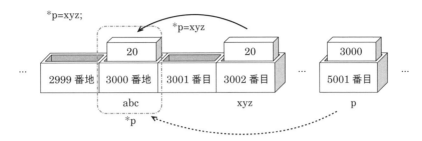

図 2.19 p に入っているアドレスの変数に変数 xyz の内容を代入

　ちなみに、ここで「p = abc」のようにポインタでない変数の前に「&」をつけ忘れると、コンパイラが「変数の型が合わない」という旨のエラーを出します。また、「*p = &abc」としてしまうと、p がどのアドレスを示しているか不定な状態で右辺の数値を変数 p が示すアドレスに代入することになり、意図しないメモリアクセスによるエラーが発生する危険性があります。このように、ポインタと非ポインタの区別をしっかりつけて、間違えないように使い分けていきましょう。

　また、ポインタを扱う際の注意として、想定外のアドレスのメモリを書き換えてしまうと、プログラムが暴走するなど大きな問題が発生する危険性があります。そのため、ポインタを使用する際は、正しいアドレスを指定し、また、変数の型や配列変数のサイズなども正しいことを確認して、間違ったアドレスにアクセスしないように注意が必要です。

　ここまでの説明では、ポインタを何に利用するかがわからないと思いますが、今後 C 言語を学習していくうえで、必ず必要になってきます。以下のようなときに利用しますので、わからなくなったときはまた本節を読みなおしてみてください。

- 配列での利用
- 関数の仮引数での利用
- 構造体内での利用

　それでは、ポインタを使ったプログラムを作成してみましょう。

　以下のプログラムは、6ch のセンサ値を取得する関数「GetSensor」を別途作成して利用するようにしています。GetSensor の引数にはセンサ値を代入する 6 個分の short 型の配列変数へのポインタを与えます。ここでは、main 関数で定義している short 型の配列変数を引数に与えています。

　アナログセンサ入力の値を取得する、ADRead 関数は、引数に取得したアナログ入力端子の番号（0 〜 6）を指定することで、その端子にかかっている電圧を取得することができる関数です。詳細は「3.3　アナログ入力から赤外線センサの値を読み込もう」に記載しています。

第 2 章　C 言語プログラミングを始めよう

```c
0:     #define     SENSOR_NUM  (6)        //センサの合計数を定義
1:
2:     //アナログセンサの数値を6chまとめて取得する関数
3:     //引数pには、6以上のサイズを持つshort型の配列変数の先頭アドレスを指定
4:     void GetSensor(short *p)
5:     {
6:         int i;                          //ループ用変数
7:         for(i=0; i < SENSOR_NUM; i++){  //6chのセンサ情報を取得
8:             p[i] = ADRead(i);
9:             //「*p++ = ADRead(i);」という書き方もできる
10:        }
11:    }
12:    //平均を求める関数
13:    short GetAverage(short *p, int size){
14:        long a = 0;
15:        int i;         //ループ用変数
16:        //配列の合計を計算
17:        for(i = 0; i < size; i++){
18:            a += *p;
19:            p++;
20:        }
21:        //センサの合計を6で割って平均を計算
22:        a /= size;
23:        //戻り値として平均値を返す
24:        return (short)a;
25:    }
26:    //メイン関数
27:    int main (void)
28:    {
29:        const unsigned short MainCycle = 60;
30:        Init(MainCycle);                //CPUの初期設定
31:        //メインループ
32:        while(1){
33:            int avg = 0;                //平均を代入する変数avgを宣言
34:            short a[SENSOR_NUM];         //6chのセンサ情報を記録する配列変数を宣言
35:
36:            GetSensor(a);               //6chのセンサ値をまとめて取得
37:            //「GetSensor(&a[0]);」という書き方もできる
38:            avg = GetAverage(a, sizeof(a));
39:
40:            //平均が250未満であれば両方のLEDを消灯
41:            if(avg < 250) LED(0);
42:            //平均が500未満であれば緑のLEDのみ点灯
43:            else if(avg < 500) LED(1);
44:            //平均が750未満であればオレンジのLEDのみ点灯
45:            else if(avg < 750) LED(2);
46:            //平均が750以上であれば両方のLEDを点灯
47:            else LED(3);
```

```
48:     }
49: }
```

0 行目は使用するアナログセンサ入力の数をマクロで定義しています。マクロを使わずに「6」という定数でソースを記述することもできますが、もし数値の入力を間違えたらバグの原因になります。また、もし今後使用したいセンサの数が変わった場合、定義したマクロを書き換えればソース中に該当するすべての数値が自動的に置き換わるので、開発が楽になります。

4 行目〜 25 行目は関数の定義ですが、流れを確認するため、まず初めに main 関数を見ていきましょう。

29、30 行目はいつもどおりの CPU ボードの初期化です。

31 行目からメインループです。33、34 行目で平均値を代入するための変数と、センサ値を格納しておくための配列変数を宣言しています。

36 行目では 6ch 分のセンサ値を取得する関数 GetSensor に、引数として配列変数 a[ ] の番号を省いたものを与えています。これは配列変数 a[ ] の先頭アドレスを表します。また、37 行目に参考記述があるとおり、「&a[0]」と記述した場合も同じ意味を表します。配列変数の先頭のアドレスを表す場合は、前者のように参照番号のみを省き、配列以外の変数のアドレスを表す場合は、変数名の前に「&」をつけます。

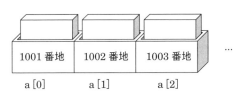

このとき、a または &a [0] はアドレス（1001 番地）を指すポインタ変数

図 2.20 配列のアドレス

38 行目では、平均値を取得する関数 GetAverage に GetSensor と同様に、a[ ] の先頭アドレスを渡しています。このときの a[ ] には 6ch 分のセンサの値が格納されています。GetAverage 関数は戻り値として、平均値を返します。

40 〜 47 行目は平均値に従って LED を点灯させます。

各関数の処理も見て行きましょう。

4 行目からは 6ch 分のセンサ値を取得する、GetSensor 関数の定義です。GetSensor 関数の引数に short 型のポインタ変数 p を宣言しています。ポインタは、通常の変数と同じように型指定子と名前を使用しますが、名前の前に必ず「*」を記述します。

GetSensor 関数の中では、8 行目で 6 個分のセンサ値を引数で取得したアドレスに順番に代入しています。ポインタ変数として引数で宣言された「short *p」が配列変数のように扱われ

ています。このように、ポインタ変数の後に参照番号を記述すると、配列変数として利用できます。ただし、関数の呼び出し元と呼び出し先で、変数の型や配列のサイズが異なると、意図しない場所へのメモリアクセスが発生するので、必ず両者を一致させましょう。

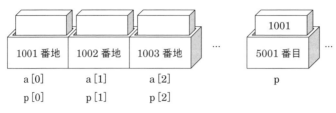

図 2.21 ポインタで配列を使う

13 行目からは、平均値を求める GetAverag 関数の定義です。

17 行目からの for 文で配列内の各値の合計を出しています。ここでは、配列変数の各要素をポインタ変数から値を取り出しています。ポインタ変数はアドレスが格納された変数なので、「p++」のように加算すると、配列内の次の変数を指すポインタ変数になります。1 ずつの加算を配列の長さだけ繰り返すとすべての配列要素を使うことができます。

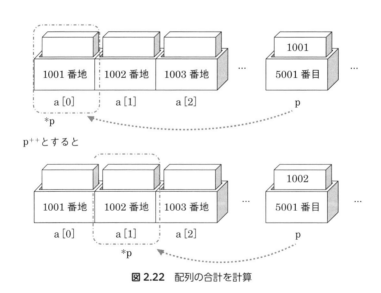

図 2.22 配列の合計を計算

22 行目で合計した値を配列の長さで割って、平均値を求めています。

C 言語の書式・文法に関する解説は以上で一通り完了しました。ここで得られた知識を元に、次章よりさらに実践的なプログラミングを学習していきましょう。

第3章 ロボットをC言語で動かしてみよう

前章ではC言語の文法の説明を中心にCPUボードを動かしてきましたが、本章ではCPUボードの各種機能や、それに関する技術的な説明を中心にプログラミングしていきたいと思います。

3.1 LEDを光らせてみよう

CPUボード上にはオレンジ色と緑色の2色のLEDが搭載されています。LEDとは「発光ダイオード」と呼ばれるもので、順方向に電圧をかけて電流を流すことで発光する半導体を用いた電子部品です。マイコンのI/Oポートに流れ込む数mA程度の電流でも発光するので、電子工作などではマイコンの動作・状態の確認用によく利用されます。

図3.1 VS-WRC103上のLED

CPUボードでは、LEDがCPUのGPIOポートに直接接続されているため、そのポートを操作することでプログラムからLEDを点灯したり消灯したりすることができます。

第3章 ロボットをC言語で動かしてみよう

KEYWORD

GPIO

「GPIO（General Purpose Input/Output）」は、マイコンが周辺機器と情報をやり取りするのに使用する入出力ポートのうち、デジタル信号を扱うポートを指し、「汎用 I/O ポート」と呼ばれることもあります。デジタル出力のセンサやスイッチの ON/OFF をマイコンに伝える入力や、LED やモータを制御するための出力に用います。

LED の制御には、vs-wrc103.c に記述された LED 関数を使用します。vs-wrc103.c には CPU ボードを制御するためのさまざまな関数が書かれています。

void LED(unsigned char LedOn)

LED 関数は引数 LedOn に数値を与えることで、CPU ボード上にある緑・オレンジの LED の点灯、消灯を制御します。LedOn に与える数値は 2 進数で、bit 0 が緑、bit 1 がオレンジの LED に対応します。各 bit は、1 のとき点灯、0 のとき消灯します。

各数値を指定したときの LED の状態は表 3.1 のとおりです。

表 3.1　各数値を指定したときの LED の状態

数値（10 進数）	bit 1	bit 0	LED（オレンジ）	LED（緑）
0	0	0	消灯	消灯
1	0	1	消灯	点灯
2	1	0	点灯	消灯
3	1	1	点灯	点灯

引数

unsigned char LedOn：bit 0 が緑、bit 1 がオレンジに対応。点灯させる場合は 1 を、消灯させる場合は 0 を与える。

戻り値

なし。

LED 関数のソースコードを見てみましょう。

```
0:   void LED(unsigned char LedOn)
1:   {
2:       GPIOSetValue(0, 7, ~LedOn&0x01);        //SetLED1
```

```
3:        GPIOSetValue(0, 3, (~LedOn>>1)&0x01);   //SetLED2
4:    }
```

LED 関数の内部では gpio.c に記述されている GPIOSetValue 関数が呼び出されています。GPIOSetValue 関数は、LPC1343 の GPIO をコントロールするレジスタに値を書き込むための関数です。ここでは、対応するレジスタに 1（High）をセットすることでデジタル出力をON にし、0（Low）をセットすることでデジタル出力を OFF にしています。LPC1343 にはGPIO0 ～ 3 の 4 つの GPIO が備わっており、それぞれに複数のデジタル入出力の口が存在しています。2 行目では GPIO0 の 7 番ピンを制御するレジスタに ~LedOn&0x01 の演算結果を代入し、3 行目では GPIO0 の 3 番ピンを制御するレジスタに (~LedOn>>1)&0x01 の演算結果を代入するよう記述しています。

void Wait(unsigned int msec)

Wait 関数は、引数 msec で与えた時間だけ処理を停止する関数です。時間の単位は msec（ミリ秒）です。例えば「Wait(1000)」と記述すると、1 秒間（＝ 1000msec）その行で止まる処理になります。

引数

int msec：待ち時間を msec（ミリ秒）単位で与える。

戻り値

なし。

● POINT

　LPCXpresso をはじめさまざまな開発環境やエディタでは一般的に、Ctrl + F キーを押すことで検索機能を使うことができます。関数の機能や、変数の役割がわからないときは、検索機能を使い、どこでどのように使われているのかを確認してみましょう。

COLUMN　レジスタ

　マイコンの内部にはレジスタと呼ばれる、それぞれが独立した機能を持つ記憶領域が存在します。レジスタは機能によって分類することが可能です。

　例えば CPU が演算を行うときには、メモリから汎用レジスタに値をコピーし、その汎用レジスタに対して演算を行います。ほかにも GPIO をコントロールする入出力レジスタや、タイマ機

第3章　ロボットをC言語で動かしてみよう

能を持つタイマレジスタなどが存在しています。マイコンのプログラミングを行うということは
すなわち、レジスタを適切に操作するプログラムを作成するということなのです。

　使用するマイコンにどのようなレジスタが存在するのかは、ネット上のデータシートやユー
ザーマニュアルで確認ができますので、興味がありましたら調べてみてください。

それでは、CPUボードに搭載されているLEDをプログラムで光らせてみましょう。このプ
ログラムはスイッチを押すと緑のLEDが1秒間点灯し、スイッチを押していないときにはオ
レンジのLEDが点灯します。

```
 0:   int main (void)
 1:   {
 2:       //制御周期の設定[単位：Hz　範囲：30.0～]
 3:       const unsigned short MainCycle = 60;
 4:       Init(MainCycle);      //CPUの初期設定
 5:
 6:       //ループ
 7:       while(1){
 8:           if(getSW()){      //プッシュボタンが押された場合
 9:               LED(1);       //緑のLED点灯
10:               Wait(1000);   //1秒間待つ
11:           }else{            //プッシュボタンが押されていない場合
12:               LED(2);       //オレンジのLED点灯
13:           }
14:       }
15:   }
```

main関数の各行について説明します。

- 0行目は関数の宣言です。
- 2～4行目は各機能の初期設定です。
- 7行目はメインループです。
- 8～13行目はプッシュボタンの値を取得し、戻り値が1であれば「LED(1)」を実行して
  1秒間待ち、そうでなければ「LED(2)」を実行します。

続いて、スイッチを押すたびにLEDが交互に点灯するプログラムを作ってみましょう。変
数modeを用意してスイッチを押すたびに数値を変化させ、その値を元にLEDの点灯状態を
切り替えます。

3.1 LED を光らせてみよう

```
 0:   int main (void)
 1:   {
 2:       //制御周期の設定［単位：Hz　範囲：30.0〜]
 3:       const unsigned short MainCycle = 60;
 4:       BYTE mode = 1;
 5:
 6:       Init(MainCycle);            //CPUの初期設定
 7:
 8:       //ループ
 9:       while(1){
10:           if(getSW()){            //プッシュボタンが押された場合
11:               if(mode == 2){   //現在のモード確認
12:                   mode = 1;      //モード2ならモード1に
13:               }else{
14:                   mode++;        //モード1ならモード2に
15:               }
16:               LED(mode);         //LEDモード変更
17:               while(getSW() == 1);
18:           }
19:       }
20:   }
```

main 関数の各行について説明します。

- 0 行目は関数の宣言です。
- 2 〜 6 行目は各機能の初期設定を行っています。
- 4 行目は変数 mode の宣言と初期化を行っています。
- 9 〜 19 行目はメインループです。10 行目でプッシュボタンが押されているか確認し、11 〜 15 行目で現在の mode の値に合わせて mode の値を変化させています。16 行目で LED の点灯状態を mode の値を使って決めています。

例題

　スイッチを押すたびに LED の点灯状態が「両方消灯」→「緑のみ点灯」→「オレンジのみ点灯」→「両方点灯」と切り替わるようにするためには、このプログラムをどう変更すればよいでしょうか。LED 関数に関する説明を思い出して考えてみましょう。

3.2 PWMでブザーやモータを制御してみよう

いよいよロボットプログラミングに欠かせないモータの制御です。CPUボードには2chのDCモータドライバが搭載されており、プログラムから2つのモータの回転方向や速度を制御することができます。搭載されているモータドライバにはPWM端子があり、任意のデューティー比のPWMを与えることで速度制御も可能になります。

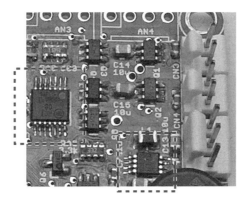

図3.2 モータドライバ

COLUMN　PWM制御とタイマ

DCモータは、印加する電圧を高くすれば速く、低くすれば遅く回転します。しかし、マイコンから制御する場合、マイコンの出力はHigh（VS-WRC003では3.3V）を出力するか、Lowを出力するかのどちらかなので、電圧を変えるためにはデジタル／アナログ変換をする外部回路が必要になります。そこで「PWM制御」を利用します。

PWMはPulse Width Modulationの略で、パルス波のデューティー比を変化させる変調方法です。デューティー比とは、周期的なパルス波を出したときの周期とパルス幅の比のことです。

簡単に説明すると、高速でモータのON/OFFを繰り返し、オンにする時間とオフにする時間の比を変える制御を行います。このとき、ON/OFFの合計時間は常に一定になるように周期を合わせます。これにより、あたかもアナログ的に電源電圧を可変したような効果が得られ、モータの速度制御が可能になります。

図3.3の左の図はデューティー比が80％で、右の図はデューティー比が20％です。これを平均化すると、それぞれHighレベルの約80％、約20％の電圧となり、速度もそれぞれ80％、20％の速度になります。数百Hz～数KHzの速い周期でパルスを与えることでスムーズな回転が得られます。

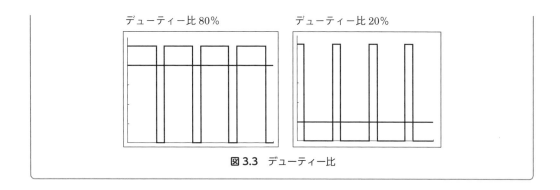

図 3.3　デューティー比

　マイコンでは、速くかつ一定の周期の PWM 波形を作り出すためにタイマ／カウンタ機能を活用することが一般的です。タイマ／カウンタ機能とは、「一定時間ごとにある処理をする」といった、時間・時刻に関する処理を行うための機能です。マイコンの動作に合わせ、一定周期でカウンタの数値が＋ 1 されていき、カウンタが特定の値に達したときに処理を実行させることで、時間に基づいた処理を実現しています。

　タイマ／カウンタ機能では、対応するレジスタに値をセットすることで、カウンタが加算される周期や、処理の発生タイミング、発生させる処理の内容を設定することができます。VS-WRC103LV に搭載されているマイコン LPC1343 には、2 種類のタイマが 2 個ずつ実装されており、いくつかのピンから直接 PWM 信号を出力する機能が備わっています。VS-WRC103LV では、タイマ 32B0 とつながった MAT0 〜 2 番ピン、タイマ 16B0 とつながった MAT0 〜 2 番ピン、タイマ 16B1 とつながった MAT0 番ピンから PWM 信号が出力されるようにレジスタに値がセットされています。これらの設定は vs-wrc103.c 内の Timer32Init 関数と Timer16Init 関数に記述されています。またデューティー比は、それぞれ対応する MR レジスタに値をセットすることで決定されます。

　モータを制御するには関数 Mtr_Run_lv を使用します。Mtr_Run_lv について以下で解説します。

▶ void Mtr_Run_lv(short m1, short m2, short m3, short m4, short m5, short m6)

　Mtr_Run_lv() はモータの回転を設定する関数で、引数 m1 〜 m6 に short 型のデータを与えることで、モータの回転数、回転方向を個別に設定します。VS-WRC103 は最大で 6ch の DC モータを使用できますが、出荷時の状態では 2ch 分のみ接続可能なので、関数の引数は m1、m2 だけ指定すれば制御できます（コネクタなどを拡張すれば m6 まで利用できます）。

第 3 章　ロボットを C 言語で動かしてみよう

引数

short mt1 〜 mt6：モータの回転を設定。各値での動作については表 3.2 を参照。

表 3.2　モータの動作

動作	数値	16 進数表記
正転	1 〜 32767	0x0001 〜 0x7FFF
逆転	− 1 〜 − 32767	0xFFFF 〜 0x8001
フリー	− 32768	0x8000
フリー	0	0x0000

戻り値

なし。

vs-wrc103.c にある Mtr_Run_lv 関数のソースコードを見てみましょう。

```
 0:    void Mtr_Run_lv(short m1, short m2, short m3, short m4, short m5, short m6){
 1:        int i = 0;
 2:        short mta[6];
 3:        unsigned int t_Duty[6];
 4:
 5:        uint32_t Gpio2Temp;
 6:
 7:        Gpio2Temp = LPC_GPIO2->DATA;
 8:        Gpio2Temp &= ~0x0FFF;
 9:
10:        mta[0] = m1;
11:        mta[1] = m2;
12:
```

```
24:
25:        for(i = 0; i < 6; i++){
26:            if(mta[i] > 0){
27:                t_Duty[i] = (unsigned int)(~(mta[i]*2));
28:                Gpio2Temp |= 1<<i*2;
29:            }
30:            else if(mta[i] < 0){
31:                t_Duty[i] = (unsigned int)(~(-mta[i]*2));
32:                Gpio2Temp |= 2<<i*2;
33:            }
34:            else{
35:                t_Duty[i] = 0;
36:            }
37:        }
```

3.2 PWM でブザーやモータを制御してみよう

```
38:
39:        LPC_TMR16B0->MR0 = t_Duty[0]&0x0000FFFF;
40:        LPC_TMR16B1->MR0 = t_Duty[1]&0x0000FFFF;
41:
42:        LPC_TMR32B0->MR0 = t_Duty[2]&0x0000FFFF;
43:        LPC_TMR32B0->MR1 = t_Duty[3]&0x0000FFFF;
44:
45:        LPC_TMR16B0->MR1 = t_Duty[4]&0x0000FFFF;
46:        LPC_TMR16B0->MR2 = t_Duty[5]&0x0000FFFF;
47:
48:        LPC_GPIO2->DATA = Gpio2Temp;
49:    }
```

- 0 行目は関数の宣言です。
- 1 ～ 5 行目は変数の宣言です。
- 7 ～ 8 行目で GPIO ピンの High/Low の情報を取得しています。CPU ボードでは対応する GPIO ピンの High/Low を切り替えることでモータの正転／逆転を制御しています。
- 10 ～ 23 行目は、引数を配列に格納し、回転方向を揃えるための処理やフリー回転のための処理を行っています。
- 25 ～ 37 行目では、設定されたモータの出力値をデューティー比を表す値に変換し、正転／逆転に合わせて GPIO レジスタの値を設定しています。
- 39 ～ 48 行目で、計算したデューティー比をタイマの MR レジスタに、GPIO ピンの High/Low を GPIO レジスタにそれぞれ設定しています。

上記の関数を使ったプログラムの main 関数を以下に示します。

このプログラムでは、プッシュボタンを押すとモータが回転し始めます。プログラミング学習ロボットキット「ビュートローバー **ARM**」でこのプログラムを実行すると、ロボットが前進→左旋回→前進→右旋回→前進と走行します。

```
0:    void main(void)
1:    {
2:        //制御周期の設定[単位：Hz　範囲：30.0～]
3:        const unsigned short MainCycle = 60;
4:        Init(MainCycle);                      //CPUの初期設定
5:        Mtr_Run_lv(0, 0, 0, 0, 0, 0);  //モータを停止
6:        LED(2);                               //オレンジのLED点灯
7:
8:        while(1){                                         //メインループ
9:            if(getSW()){                                  //スイッチが押された?
10:               Mtr_Run_lv(20000, -20000, 0, 0, 0, 0);  //前進
```

81

第3章　ロボットをＣ言語で動かしてみよう

```
11:                Wait(2000);                              //2秒待つ
12:                Mtr_Run_lv(20000, 0, 0, 0, 0, 0);        //右タイヤのみ前に
13:                Wait(2000);                              //2秒待つ
14:                Mtr_Run_lv(20000, -20000, 0, 0, 0, 0);   //前進
15:                Wait(2000);                              //2秒待つ
16:                Mtr_Run_lv(0, -20000, 0, 0, 0, 0);       //左タイヤのみ前に
17:                Wait(2000);                              //2秒待つ
18:                Mtr_Run_lv(20000, -20000, 0, 0, 0, 0);   //前進
19:                Wait(2000);                              //2秒待つ
20:
21:                Mtr_Run_lv(0, 0, 0, 0, 0, 0);            //モータを停止
22:            }
23:        }
24:    }
```

main 関数の各行について説明します。

- 0 行目は関数の宣言です。
- 2 〜 4 行目は各機能の初期設定を行っています。
- 5 行目はモータを停止させます。
- 6 行目は電源 ON の確認用に LED を点灯させています。
- 9 〜 22 行目はメインループで、スイッチの値を取得し、戻り値が 1 だったらモータの出力に値を設定して走行させるようにしています。

> ● POINT
>
> ビュートローバー ARM のギアボックスは左右対称になっているため、前に走行するときにモータに与える回転は、左右で逆になります。例えば、ソースの 10 行目にもあるように、ロボットに前進させるときは「Mtr_Run_lv(20000, -20000, 0, 0, 0, 0)」と、m1、m2 に正負を逆転した数値を与えています。

例題

それでは、「Mtr_Run_lv(20000, 20000, 0, 0, 0, 0)」と m1、m2 にまったく同じ数値を与えるとロボットはどう動くでしょうか？ 試してみましょう。

モータに続いて、ブザーを使用してみましょう。CPU ボード上には圧電ブザーが搭載されています。圧電ブザーとは、電圧を印加することにより形状を歪ませることのできる圧電素子を用いたブザーです。圧電素子は電圧を印加すると歪み、印加しないと元に戻ります。高速でON/OFF を切り替えたときに生じる振動を利用して音を鳴らすことができます。

3.2 PWMでブザーやモータを制御してみよう

図 3.4 ブザー

　圧電ブザーには発信回路が内蔵されていて電圧を印加するだけで鳴らすことのできる自励式と、発信回路を内蔵していない他励式に分けられ、CPU ボードには他励式が搭載されています。他励式のブザーは与える PWM の周波数で音程を変更でき、デューティー比を変更することでボリュームを若干操作することもできます。CPU ボードでは、ブザーが PWM 出力を行うタイマポートに直接接続されているため、モータと同じようにそのポートを操作することでプログラムから音を出すことができます。

　ブザーの制御には、BuzzerSet 関数、BuzzerStart 関数、BuzzerStop 関数を使用します。各関数について以下で解説します。

▶ void BuzzerSet(BYTE pitch, BYTE vol)

　ブザーの音程（引数 pitch）とボリューム（引数 vol）を設定する関数です。どちらも Byte サイズの数値（0 〜 255）を指定します。音程は数値を小さくするほど高くなり、大きくすると低い音になります。ブザーが鳴っているときにこの関数を実行すると、ブザーを停止します。

引数

　BYTE pitch：音程（周期）を与える。値が大きいほど低音になり、小さいほど高音になる。
　BYTE vol：音量（デューティー比）を与える。128 のときが最大の音量。

戻り値

　なし。

第3章 ロボットをC言語で動かしてみよう

> ◢ COLUMN **周期、周波数**
>
> 定期的に同じことが繰り返される処理において、初めの状態に戻るまでの時間のことを周期といいます。音は物体の振動が空気を揺らすこと（＝音波）により耳まで伝わってきますが、このときの振動の周期によって聞こえる音の高さが変化します。
>
> 周波数は周期の逆数で表され、1秒間に何回振動するかを表しています。周波数の単位は電波などにも用いられる「Hz」です。音は、周波数が大きいほど高い音程で聞こえるようになります。

表3.3 音階と数値の対応

低 ↑ ↓ 高

音階		数値
B	シ	190
C	ド	179
D♭		169
D	レ	160
E♭		151
E	ミ	142
F	ファ	134
G♭		127
G	ソ	120
A♭		113
A	ラ	107
B	シ	95
C	ド	90

▶ void BuzzerStart()

BuzzerStart関数はブザーを鳴り始めさせるための関数で、実行後は停止させるまでブザーが鳴り続けます。

引数

なし。

戻り値

なし。

84

▶ void BuzzerStop()

BuzzerStop 関数は鳴っているブザーを停止させる関数です。

引数

なし。

戻り値

なし。

switch 文を使い、プッシュスイッチを押すたび、ド〜ソまで順番にブザーの音程を変更するプログラムを作ってみましょう。

```
 0:   int main (void)
 1:   {
 2:       //制御周期の設定 [単位：Hz　範囲：30.0〜]
 3:       const unsigned short MainCycle = 60;
 4:       int cnt = 0;                        //ボタンを押した回数カウント用の変数
 5:
 6:       Init(MainCycle);                    //CPUの初期設定
 7:       BuzzerSet(0x80, 0x80);              //ブザーの設定
 8:
 9:       while(1){                           //メインループ
10:           Sync();                         //同期関数(60Hz)
11:           if(getSW()){                    //ボタンが押された場合
12:               cnt++;                      //cntに1を加算
13:               while(getSW());             //ボタンが離されるのを待つ
14:           }
15:           switch(cnt){
16:           case 1:                         //1回押されたら
17:               BuzzerSet(160, 0x80);       //レに設定
18:               break;
19:           case 2:                         //2回押されたら
20:               BuzzerSet(142, 0x80);       //ミに設定
21:               break;
22:           case 3:                         //3回押されたら
23:               BuzzerSet(134, 0x80);       //ファに設定
24:               break;
25:           case 4:                         //4回押されたら
26:               BuzzerSet(120, 0x80);       //ソに設定
27:               break;
28:           default:                        //それ以外（0回、または5回以上の場合）
29:               cnt = 0;                    //カウントリセット
30:               BuzzerSet(179, 0x80);       //ドに設定
```

第 3 章　ロボットを C 言語で動かしてみよう

```
31:          }
32:          BuzzerStart();
33:      }
34:  }
```

main 関数の各行について説明します。

- 0 行目は関数の宣言です。
- 2 〜 7 行目は各機能の初期設定を行っています。
- 4 行目は、ボタンを押した回数を記録するため、変数 cnt の宣言と初期化を行っています。
- 9 行目以降はメインループとなります。
- 10 行目は同期関数（60Hz で実行）です。
- 11 〜 14 行目は、スイッチが押されていたら cnt に 1 を加算し、スイッチが離されるまで while 命令で待ちます。
- 15 〜 31 行目は、cnt が 1 のときはレ、2 のときはミ、3 のときはファ、4 のときはソに、それ以外のときは音程をドに設定し、cnt を 0 にします。
- 32 行目は BuzzerStart 関数でブザーを鳴らし始めています。

● POINT

switch 文の構造を忘れたときは、「2.3.2　C 言語における選択構造（if、switch/case）」を読み返してみましょう。

3.3 ▶ アナログ入力から赤外線センサ値を読み込もう

　続いて、アナログセンサ入力を利用したいと思います。アナログセンサ入力は第 2 章ですでに扱っていますが、本節では、仕組みの説明などを含め、より詳しく解説していきます。

　CPU ボードには、各種センサを接続できるアナログ入力端子が標準で 2 つ備わっており、拡張を行うことで最大 7 つまで増やせます。CPU ボードは、接続されたセンサの出力電圧（アナログ値）を取得し、それを A/D 変換して数値化します。この数値は 0 〜 1023（10 bit）の範囲で、数値が 0 の場合は 0V、1023 の場合は 3.3V に相当します。

　CPU ボードでは vs-wrc103.c に記述されている ADCInit 関数、ADRead 関数を用いることでアナログ入力を扱うことが可能です。

▶ void ADCInit()

ADCInit 関数は、LPC1343 の A/D コンバータ（ADC）の初期設定を行う関数です。ADC も、GPIO やタイマ／カウンタと同様に、対応するレジスタである CR レジスタなどを設定して使用します。Init 関数の内部で呼び出されているため、通常はユーザーが呼び出す必要はありません。

引数

なし。

戻り値

なし。

▶ unsigned short ADRead(unsigned char ch)

ADRead 関数は、アナログ入力端子に入力された電圧を取得できます。引数 ch に 0 〜 6 を指定して呼び出すと、指定した端子の電圧が unsigned short 型（符号なし整数）の 0 〜 1023 の値で返されます。

ADRead 関数が行っている処理について簡単に説明します。ADRead 関数が呼び出されるとまず、CR レジスタの値を変更し、ADC が引数で指定された ch の A/D 変換を行うように設定します。続いて、GDR レジスタに記録されている変換結果のデジタル値を取り出し、適切な形に整形してから return しています。

引数

BYTE ch：取得するアナログ入力の端子番号を指定（0 〜 6）。

戻り値

アナログ入力端子にかかっている電圧を取得。範囲は 0 〜 1023（0 〜 3.3V）。

COLUMN **A/D 変換**

A/D 変換とは、アナログデータをデジタルデータに置き換える操作のことです。ほとんどのマイコンでは、任意の電圧をアナログデータとして取得して処理できます。市販のセンサの多くも、これに合わせて情報を電圧で出力するようになっています。

センサが出力する電圧は「0 〜 3.3V」のように幅があるため、2 進数の数値のように「0」「1」で表すことができません。そのため、マイコンでは「0 〜 255」のように数値の桁を増やして電

第3章　ロボットをC言語で動かしてみよう

圧値を表現しています。VS-WRC103LV の場合、0 ～ 3.3V のアナログデータを 0 ～ 1023（10 bit）のデジタルデータに変換しています。1023 が 3.3V に対応するので、数値は約 3.2mV ごとに変化する計算になります。

　このような A/D 変換を行う装置のことを A/D コンバータと呼んでいます。

それでは、センサ入力の関数を使ったサンプルプログラムを作成してみましょう。このプログラムでは、AN1 の端子に接続されたセンサの情報を取得し、その数値に応じて LED の光り方が変わります。ビュートローバーでこのプログラムを実行し、AN1 の端子に接続された赤外線センサ（左前の赤外線センサ）を手で塞ぐなどして、LED の光り方が変わるか実験してみましょう。

```
 0:   void main(void)
 1:   {
 2:       //制御周期の設定[単位：Hz　範囲：30.0～]
 3:       const unsigned short MainCycle = 60;
 4:
 5:       Init(MainCycle);            //CPUの初期設定
 6:
 7:       while(1){                   //メインループ
 8:           unsigned short data = ADRead(0);
 9:                                   //センサの値を取得し、変数dataに代入
10:           Sync();                 //同期関数(60Hz)
11:           if(data < 128){         //センサ値が128未満の場合
12:               LED(0);             //LED全消灯
13:           }
14:           else if(data < 256){    //センサ値が128以上256未満の場合
15:               LED(1);             //緑のLEDを点灯
16:           }
17:           else if(data < 512){    //センサ値が256以上512未満の場合
18:               LED(2);             //オレンジのLEDを点灯
19:           }
20:           else{                   //センサ値が512以上の場合
21:               LED(3);             //LED全点灯
22:           }
23:       }
24:   }
```

main 関数の各行について説明します。

- 0 行目は関数の宣言です。
- 2 ～ 5 行目は各機能の初期設定を行っています。

3.3 アナログ入力から赤外線センサ値を読み込もう

- 7 行目以降はメインループです。
- 8 行目では、0 番目の端子（AN1 の端子）のセンサ値を取得し、変数 data に代入しています。
- 10 行目は同期関数（60Hz で実行）です。
- 11 〜 22 行目は、取得したセンサ値によって LED の光り方を 4 通りに分けています。センサ値が 128 未満ならどちらも消灯、128 以上で 256 未満なら緑を、256 以上で 512 未満ならオレンジを、それ以上なら両方の LED を点灯するようにしています。

例題

センサの値でブザーの音程を変更するプログラムを作ってみましょう。アナログ入力のデータと、ブザーの音程では値の大きさが異なる点に注意が必要です。

```
0:    void main(void)
1:    {
2:        //制御周期の設定[単位：Hz　範囲：30.0〜]
3:        const unsigned short MainCycle = 60;
4:
5:        Init(MainCycle);                          //CPUの初期設定
6:        BuzzerSet(0, 0x80);                       //ブザーの設定
7:        LED(2);                                   //LEDのオレンジを点灯
8:
9:        while(1){                                 //メインループ
10:           unsigned short data = ADRead(0);      //センサの値を取得し、変数dataに代入
11:           Sync();                               //同期関数(60Hz)
12:           BuzzerSet(64+data/6, 0x80);           //ブザーの音程を設定
13:           BuzzerStart();                        //ブザーを鳴らす
14:       }
15:   }
```

● POINT

関数 ADRead() で得られるセンサ値と、関数 BuzzerSet() の引数 pitch に与えられる数値とでは、扱える数値の範囲が異なります（前者は 0 〜 1023、後者は 0 〜 255）。関数 ADRead() で得られた値をそのまま関数 BuzzerSet() に与えると、数値の範囲をはみ出して意図しない動作になる可能性があります。これを防ぐため、センサ値を取得した変数 data を除算して、数値の範囲を超えない値に収めています。

89

第3章 ロボットをC言語で動かしてみよう

3.4 タイマを使って処理を同期させよう

例えばタイヤの回転数からロボットの速度を求めたいときや、ほかのマイコンと通信しながらロボットを動作させたいときなどには、処理を一定周期で行うことが求められます。そのようなときには、割込み処理を活用して、プログラムが一定周期で実行されるよう同期を取ります。

> **KEYWORD**
>
> **同期**
> あるもの同士がタイミングや内容を同じにすることです。コンピュータ内部では、命令の処理がずれないように一定の周波数の信号に合わせて処理を進めるようになっています。

CPUボードには、同期を取るための関数としてSync関数が存在しています。

◆ unsigned long Sync()

Sync関数は処理の「同期」を行うための関数です。この関数を使うことで、メインループ（whileループ）を決まった周期で実行することができるようになります。この関数をメインループに組み込んでプログラムを実行すると、Init関数の引数に与えた値（周波数）で同期を待った後にSync()以降の処理に進みます。

引数
なし。

戻り値
なし。

90

Main cycle を 50 Hz に設定したとき
（1 回のループは 0.02 sec）

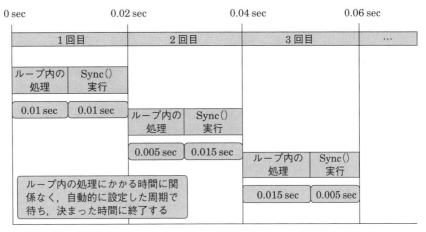

図 3.5 処理の同期

　Sync 関数では LPC1343 の機能であるウォッチドッグタイマ（WDT）を用いて同期を行っています。ウォッチドッグタイマは、実行中のプログラムがエラーになっていないかを確認する機能を持つ特別なタイマです。VS-WRC103LV では、このウォッチドッグタイマを使って Sync 関数を実装し、同期に活用しています。

3.5　センサ 1 個を使ったライントレースをしてみよう

　「ライントレース」とは、一般に「床面に引かれた線をセンサで読み取り、その線に沿ってロボットを移動させる」プログラムのことです。センサで線を読み取るにはいくつか手段がありますが、今回は赤外線センサを使った一般的な方法でプログラミングします。
　なお、この節では、ライントレースをさせるロボットとして、VS-WRC103LV と赤外線センサ 2 個を搭載したビュートローバー ARM を例に説明します。

第3章 ロボットをC言語で動かしてみよう

図3.6 ビュートローバーARM

ビュートローバーには、本体前方の下側に、赤外線センサを左右1個ずつ搭載しています。

図3.7 ビュートローバーARMの赤外線センサ

> COLUMN **赤外線センサ**
>
> 本書にたびたび登場する赤外線センサの正式名称は、「反射型フォトセンサ」といいます。反射型フォトセンサとは、図3.8のように発光部（LED）と受光部（フォトダイオード）を持ち、発光部からの光を物体が反射し、その光を受光部で受け取ることで、正面にある物体の有無を判断することができます。

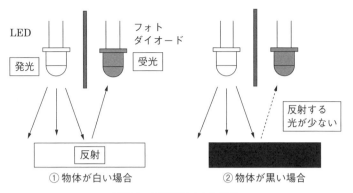

図 3.8 反射型フォトセンサ

　また、認識した物体の色が白いか黒いかによって、反射して戻ってくる LED の光の強さが変わるため、物体における色の濃淡も判断できます。この方法を利用したのがライントレースです。

　光走性ロボットの場合、反射してくる LED の光ではなく、ロボットに照らされる光を直接センサの受光部で認識することで、光源がどこにあるかを探すことができます。

COLUMN ライントレース

　ライントレースとは、本文にもあるとおり、床面に引かれたラインをロボットがセンサを利用して読み取り、ラインに沿って走行するアルゴリズムを指します。自動車を生産する工場などでは、部品を運ぶ機械が自動で走行する仕組みとして利用されていることもあります。

　ライントレースは、赤外線センサ×1 とモータ（車輪）×2 で構成されており、簡単なプログラムで実現でき、ロボカップジュニアレスキューやマイコンカーラリー、マイクロマウスロボットレース競技、ET ロボコン、マイクロロボットコンテスト、マイクロライントレースロボット競技など多くの競技会が行われています。

　ライントレースのアルゴリズムは大きく分けて 2 種類あり、ラインのエッジ（端）を認識し、そのエッジに沿って走行する方法と、ラインそのものが床面のどの位置にあるかを認識する方法があります。エッジを認識する場合は、ラインのエッジを中心にロボットのセンサ部分を左右に振りながら走行し、センサがライン上ならライン外へ、逆にセンサがライン外ならライン上へ戻るような動きでラインをなぞります。ラインそのものを認識する場合には複数のセンサを利用してラインの位置を検出し、車体の中心を基準点とし、ラインが左右どちらかにずれていないかを判断しながら走行します。本節で行うライントレースはエッジを、3.6 節で行うライントレースはラインそのものを認識する方法でプログラムされています。

ライントレース用のコースは、白い床に黒いビニールテープを貼り付けると簡単に作成できます。注意する点として、カーブの形は図3.9の左のような鋭角のカーブがもっとも曲がるのが難しく、右の緩やかなカーブのほうが簡単に曲がることができます。初めはできるだけ緩やかなカーブでコース描いたほうがクリアしやすくなります。

図3.9 カーブの難易度（右に行くほど簡単）

図3.10 ライン検出の流れ

それでは、ライントレースする方法を考えてみましょう。

まず、センサが反応していないときは、右タイヤのみを前進させ、ロボットを反時計回りに曲がりつつ前進させます。このまま曲がり続けると、センサが黒いラインを検出します。黒いラインを検出したときは、反対に左タイヤのみを前進させ、ロボットを時計回りに曲がりつつ前進させます。右にしばらく曲がり続けると、センサがライン上から外れるので、再び左に前進させながら曲がります。これを繰り返すことで、ジグザグにラインにそって進むことができます。これをフローチャートにすると図3.11のようになります。

3.5 センサ1個を使ったライントレースをしてみよう

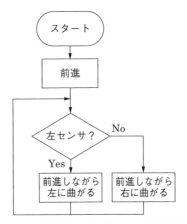

図 3.11 センサ1個を使ったライントレースのフローチャート

図 3.11 のフローチャートを C 言語で記述すると以下のようになります。

```
0:   void main(void)
1:   {
2:       //制御周期の設定[単位：Hz　範囲：30.0～]
3:       const unsigned short MainCycle = 60;
4:       Init(MainCycle);              //CPUの初期設定
5:
6:       Mtr_Run_lv(0, 0, 0, 0, 0, 0);
7:       LED(3);
8:       while(getSW() != 1);          //ボタンが押されるまで待つ
9:       while(getSW() == 1);          //ボタンが離されるまで待つ
10:
11:      unsigned short L_Sensor;
12:
13:      Mtr_Run_lv(8000, -8000, 0, 0, 0, 0);
14:
15:      //メインループ
16:      while(1){
17:          L_Sensor = ADRead(0);                    //左のセンサ値取得
18:
19:          if(L_Sensor > 512){                      //左のセンサが512より大きい場合
20:              Mtr_Run_lv(8000, 0, 0, 0, 0, 0);     //右タイヤを前に（左旋回）
21:              LED(1);
22:          }else{                                   //左のセンサが512以下の場合
23:              Mtr_Run_lv(0, -8000, 0, 0, 0, 0);    //左タイヤを前に（右旋回）
24:              LED(2);
25:          }
26:
27:          Sync();
```

```
28:     }
29: }
```

- 17行目で左センサの値を取得しています。
- 19〜21行目で左センサの判定を行い、512より大きいなら左旋回を行います。
- 22〜25行目で、左センサの値が512以下のとき右旋回を行います。

3.6 センサ2個を使ったライントレースをしてみよう

3.5節でセンサ1つのみでライントレースを行いましたが、センサ1つのみだと、床の線がまっすぐのときも、ロボットがジグザグに走行してしまいました。これを、「直線のときに直進し、カーブの場合だけ曲がる」という具合にラインに沿って走行するためには、右左の2つのセンサを用いる必要があります。

それでは、センサ2つでライントレースする方法を考えてみましょう。

まず、2つのセンサの間にラインを挟んだ状態で本体をライン上におきます。この状態ではラインは確実にセンサの間にあるので前進します。図3.12のような左カーブに差しかかったとき、左のセンサは黒いラインを検出します。このときは左のタイヤを停止させ左に旋回します。右向きのカーブのときも同様です。しばらく旋回すると、ラインが2つのセンサの間に入り、センサはラインを検出していない状態になりますので、再び前進します。

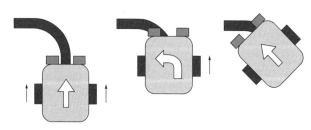

図3.12 ライン検出の流れ

これをフローチャートにすると図3.13のようになります。

3.6 センサ2個を使ったライントレースをしてみよう

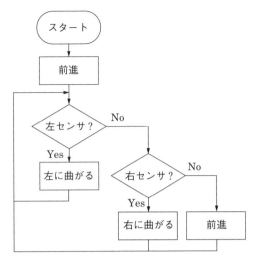

図 3.13 センサ2個を使ったライントレースのフローチャート

図 3.13 のフローチャートを C 言語で記述すると以下のようになります。

```
0:    void main(void)
1:    {
2:        //制御周期の設定[単位：Hz　範囲：30.0～]
3:        const unsigned short MainCycle = 60;
4:        Init(MainCycle);            //CPUの初期設定
5:
6:        Mtr_Run_lv(0, 0, 0, 0, 0, 0);
7:        LED(3);
8:        while(getSW() != 1);        //ボタンが押されるまで待つ
9:        while(getSW() == 1);        //ボタンが離されるまで待つ
10:
11:       unsigned short L_Sensor;
12:       unsigned short R_Sensor;
13:
14:       Mtr_Run_lv(8000, -8000, 0, 0, 0, 0);
15:
16:       //メインループ
17:       while(1){
18:           L_Sensor = ADRead(0);   //左のセンサ値取得
19:           R_Sensor = ADRead(1);   //右のセンサ値取得
20:
21:           if(L_Sensor > 512){                         //左のセンサが512より大きい場合
22:               Mtr_Run_lv(8000, 0, 0, 0, 0, 0);        //右タイヤを前に（左旋回）
23:               LED(2);
24:           }else if(R_Sensor > 512){                   //右のセンサが512より大きい場合
25:               Mtr_Run_lv(0, -8000, 0, 0, 0, 0);       //左タイヤを前に（右旋回）
```

第 3 章　ロボットを C 言語で動かしてみよう

```
26:            LED(1);
27:        }else{                                          //左右のセンサが512以下の場合
28:            Mtr_Run_lv(8000, -8000, 0, 0, 0, 0);   //左右のタイヤを前に（前進）
29:            LED(3);
30:        }
31:
32:        Sync();
33:    }
34: }
```

- 18、19 行目で左右のセンサの値を取得します。
- 21 〜 23 行目で左センサの判定を行い、512 よりも大きいなら左旋回を行います。
- 24 〜 26 行目で右センサの判定を行い、512 よりも大きいなら右旋回を行います。
- 27 〜 30 行目で、左右のセンサが 512 以下のときに前進しています。

　以上で、組込みマイコンやロボットのプログラミングに関する基本的な知識の解説は終了です。ほかの CPU ボードやロボットのプログラミングをする場合も、本章で学習した内容が大きく参考になると思います。また、組込みマイコンやロボットに関するプログラミングをより深く理解したい方は、次章からの拡張部品を使った高度なプログラミングにチャレンジしてみましょう。

第4章

拡張部品でロボットを
ステップアップさせてみよう

　CPU ボードにはさまざまな拡張ポートが備わっており、ピンヘッダをはんだ付けすることでそれらの機器を接続できます。拡張部品は C 言語からも簡単に扱えるようになっており、組込みマイコンプログラムの初心者でも、これらの機器を利用したプログラムを開発することができます。

　ここでは、代表的な拡張部品として「ロータリーエンコーダ」、「無線操縦」、「I²C（IXBUS）」の 3 つを扱うプログラムのほか、「タブレット端末との連携」や「大出力モータの使用」、「倒立振子」といった応用事例について説明していきます。

4.1 ロータリーエンコーダを使ってみよう

　ビュートローバーにロータリーエンコーダを追加できる「ビュートローバー H8/ARM 用エンコーダ拡張セット」が発売されています。本節では、ロータリーエンコーダを利用して、ロボットの移動距離を取得するプログラミングをしてみましょう。エンコーダ拡張セットを利用するためには、別途 I/O 拡張ボードが必要です。

4.1.1 ロータリーエンコーダの原理

　ロータリーエンコーダとは、モータの回転量を取得できるセンサで、回転量を用いて、モータの速度やロボットの移動距離の測定を行うことができます。エンコーダ拡張セットのロータリーエンコーダは、スリット型の光学式ロータリーエンコーダで、センサの搭載されたエンコーダ基板と、スリットの入った円盤状の板であるエンコーダホイールで構成されています。

99

図 4.1　エンコーダ基板

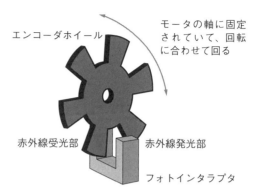
図 4.2　エンコーダの構造

　エンコーダ基板には、左右それぞれに 2 つずつ、計 4 つのフォトインタラプタが搭載されています。フォトインタラプタは赤外線の発光部と受光部が谷を挟んで向かい合うように置かれているセンサで、谷の部分を遮る物を検出することができます。モータ軸に固定したホイールのスリット部分がフォトインタラプタの谷間を通過するようにセッティングし、スリットと板の部分が切り替わる回数を数えることで、モータが何回転したのかを測定することができます。また、1 つのホイールの回転を 2 つのフォトインタラプタで測定する 2 相式のエンコーダを採用していますので、モータの回転方向も取得することが可能です。

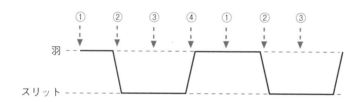

① 羽のとき

② 羽からスリットへ変化するとき

③ スリットのとき

④ スリットから羽へ変化するとき

図 4.3　ロータリーエンコーダの原理

ロータリーエンコーダがない場合、ロボットのモータはマイコンに指示された電圧で駆動し、その電圧の大きさによって速度を調整できますが、これは「現在の電源電圧の何％分の電圧をかけるか」というものなので、例えば電池の消耗、電流による電圧降下などの影響により、電源電圧が変動してモータの回転は一定になりません。また、使用しているモータはDCモータなので、左右のモータで性能に個体差があります。これらの影響により、同じプログラムでも電池の電圧によってロボットの移動距離が変わったり、左右のモータで回転速度が異なり、進行方向が曲がってしまうなどの問題が発生し、正確な動作を行うことができません。

これに対して、ロボットにロータリーエンコーダをつけた場合、モータの回転数を測定できるようになるので、電源電圧などに影響されず、決まった距離を進む、同じ角度だけ回る、同じ速度で進むなど、モータの回転速度や移動距離を一定に保つことができるようになります。

4.1.2 ロータリーエンコーダの取付け

ロータリーエンコーダの取付けには、別途 I/O 拡張ボード「VS-WRC004LV」が必要です。

ロータリーエンコーダをロボット本体に取り付ける場合は、まずギアボックスを取り外し、メインフレームにエンコーダ基板を装着します。次に、モータを反対軸付きのものに取り換え、反対軸にエンコーダホイールを付けます。ギアボックスをメインフレームに固定し、エンコーダホイールがフォトインタラプタの谷間に入りつつ、両者が接触しないように調整して固定します。

フォトインタラプタの谷に
中心が来るように

図 4.4 ロータリーエンコーダの取付け

第4章 拡張部品でロボットをステップアップさせてみよう

4.1.3 決まった距離だけ進むプログラム

それでは、ロータリーエンコーダを使ったプログラムを作成してみましょう。
エンコーダを利用するためには以下の 3 つの関数を利用します。

▶ void InitEncoder()

InitEncoder 関数は、CPU ボードでエンコーダの入力を取得するための初期設定を行う関数です。エンコーダを使う場合、必ずプログラムの最初に一度だけ実行してください。エンコーダがつながっていないときに使用すると、プログラムが正常に動作しない場合がありますので、注意してください。

引数
なし。

戻り値
なし。

▶ void ClearEncoder()

ClearEncoder 関数は、それまでにカウントしたエンコーダからの入力を 0 にクリアする関数です。開始時や、処理を一時中断して再度開始したいときに呼び出します。

引数
なし。

戻り値
なし。

▶ void GetEncoder(long *A, long *B)

GetEncoder 関数は、エンコーダがカウントした値を取得する関数です。

引数
A、B：取得する値を格納する変数のポインタを指定します。エンコーダがカウントした数値がそのまま代入されます。エンコーダはモータ 1 回転で 24 カウントします。A には S1、S2 側、B は S3、S4 側のカウントが代入されます。

102

戻り値

なし。

それでは、プログラムの内容を見ていきましょう。

以下のプログラムは、左右のモータの回転数を取得し、どちらかのモータが50回以上回転したら、メインループを抜けるプログラムになります。決まった距離を進むために毎ループ、エンコーダの値を取得し、確認を行っています。

```
 0:    int main (void)
 1:    {
 2:        //制御周期の設定 [単位：Hz  範囲：30.0～]
 3:        const unsigned short MainCycle = 60;
 4:
 5:        Init(MainCycle);      //CPUの初期設定
 6:
 7:        //エンコーダを初期化します。使用する前に必ず読み出す必要があります。
 8:        InitEncoder();
 9:        //エンコーダの値をクリアします。
10:        ClearEncoder();
11:
12:        LED(3);
13:
14:        while(getSW() != 1);   //ボタンが押されるまで待つ
15:        while(getSW() == 1);   //ボタンが離されるまで待つ
16:
17:        while(1){  //無限ループ
18:            long L_enc_cnt, R_enc_cnt;  //エンコーダの値を格納するための変数
19:            //同期関数  設定した周期（ここでは60Hz）ごとに、
20:            //次の処理を実行するために使用します。
21:            Sync();
22:            Mtr_Run_lv(10000, -10000, 0, 0, 0, 0);   //前進
23:
24:            //エンコーダ値を取得します。
25:            GetEncoder(&L_enc_cnt, &R_enc_cnt);
26:            //どちらかのモータが1200カウントしたらループを抜ける
27:            //モータ1回転で24カウントなので、50回転×24 = 1200
28:            if(L_enc_cnt > 1200 || R_enc_cnt < -1200){
29:                break;
30:            }
31:        }
32:        Mtr_Run_lv(0, 0, 0, 0, 0, 0);   //モータ停止
33:    }
```

main関数の各行について説明します。

- 0 行目は関数の宣言です。
- 3〜5 行目は各機能の初期設定を行っています。
- 8 行目でエンコーダを使うための初期設定をしています。また、10 行目で現在のエンコーダの値を 0 にクリアしています。
- 14、15 行目で、ボタンを押すまで待つ処理を行っています。
- 17 行目以降はメインループです。
- 25 行目で現在のエンコーダ値を取得しています。
- 28 行目で左右モータの現在のエンコーダ値を確認し、どちらかが 50 回転分以上の数値であればループを抜けています。

> **COLUMN I/O 拡張ボード「VS-WRC004LV」**
>
> 「VS-WRC004LV」は、VS-WRC103LV の空きポートに接続する I/O 拡張ボードです。モータ出力 4ch・アナログ入力 3ch を備えており、VS-WRC103LV 本体と併せて、DC モータ出力 6ch・アナログ入力 7ch まで I/O を使用することができます。その他、エンコーダ基板用のポートがあります。
>
> VS-WRC103LV へ取り付けるには、別途ピンヘッダを取り付けてその上に差し込みます。一度に多くの I/O ポートを拡張できるので、ロボットを改造する際に標準のポート数が足りなくなった場合に重宝します。
>
>
> 図 4.5 VS-WRC004LV
>
>
> 図 4.6 VS-WRC103LV に VS-WRC004LV を装着

4.1.4 一定の速度で進むプログラム

次に、エンコーダの機能を活用して、一定の速度でモータを動かすプログラムを作成してみましょう。

速度を制御するためには、まず現在の速度を求める必要があります。速度は「一定時間あたりに進む距離」のことで、例えば時速〔km/h〕だと「1 時間に何 km 進むか」ということに

4.1 ロータリーエンコーダを使ってみよう

なりますので、速度を知るためには、エンコーダで決まった時間内に進んだ距離を測定する必要があります。

　メインのループは 60Hz の周波数で繰り返されているので、前回取得したエンコーダのカウントと、今回取得したエンコーダのカウントの差（＝ループ間の差）をとると 1/60 秒間にカウントした回数が求められます。

　これを 60 倍すると 1 秒間にカウントした回数となるので、ループ間のエンコーダの差を dx とすると、以下のようになります。

$$1 秒間のカウント数 ＝ ループ間のカウント数の差 × 周波数$$
$$= dx \times 60 = 60dx 〔カウント /\mathrm{sec}〕$$

　このままではどれだけ進んだのかわかりませんので、カウントを距離に変換する必要があります。

　1 カウントで進む距離は、モータ 1 回転でカウントする回数（24 カウント）と、ギアボックスの減速比（ローバー標準の場合、B タイプなので 38.2 : 1）、タイヤの直径（42mm）より、以下のように求まります。

$$1 カウントあたりの距離 ＝ タイヤ円周 ÷ 減速比 ÷ 1 回転でのカウント数$$
$$= 42 \times \pi \div 38.2 \div 24$$
$$= 0.1439211 \cdots\cdots \fallingdotseq 0.144 〔\mathrm{mm}/ カウント〕$$

　これらより、速度は以下のように求まります。

$$速度 = 1 秒間のカウント回数 × 1 カウントあたりの距離$$
$$= 60 \times dx \times 0.144 = 8.64dx 〔\mathrm{mm/sec}〕$$

　今回のサンプルでは、ロボットのサイズが小さく、また動かす距離や時間も短いため、単位として「1 秒間に何 mm 進んだか」を表す〔mm/sec〕を使用します。

　この測定された速度が目標の速度と等しくなるよう、モータの出力を制御します。ここでは、図 4.7 のような比例制御を使います。比例制御とは、フィードバック制御の一種で、目標値（目標となる速度）と出力値（現在の速度）の差から入力値（次のモータ出力設定）を変化させる動作のことです。

105

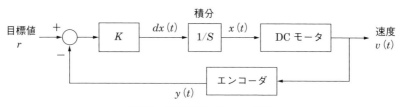

図 4.7　比例制御のブロック線図

　目標値 r から、エンコーダから得られた現在の速度 $y(t)$ を減算し、その値にゲイン K をかけると、モータ出力設定の偏差 $dx(t)$ が求まります。この $dx(t)$ だけモータを加速させますので、$dx(t)$ をループごとに加算していく（積分する）とモータに対する出力値が求まります。

　これを式で表すと以下のようになります。

$$x(t) = \int dx(t) = \int (K(r - y(t)))$$

　フィードバック制御の有名な手法として、PID 制御があります。PID 制御は、比例制御（P 制御）に加えて積分制御（I 制御）と微分制御（D 制御）を用いることで、単なる比例制御よりも滑らかで正確な制御を実現しています。

　それではプログラムを見てみましょう。エンコーダで実際のモータの速度を計測し、一定の速度に合うよう制御しています。

```
0:   int main (void)
1:   {
2:       //制御周期の設定[単位：Hz　範囲：30.0～]
3:       const unsigned short MainCycle = 60;
4:       Init(MainCycle);     //CPUの初期設定
5:
6:       //エンコーダを初期化します。使用する前に必ず読み出す必要があります。
7:       InitEncoder();
8:       //エンコーダの値をクリアします。
9:       ClearEncoder();
10:
11:      LED(3);
12:
13:      while(getSW() != 1);    //ボタンが押されるまで待つ
14:      while(getSW() == 1);    //ボタンが離されるまで待つ
15:
16:      //ループ
17:      while(1){
18:          //エンコーダの値を格納する変数
19:          long L_enc_cnt,R_enc_cnt;
20:          //速度を格納する変数
21:          double L_speed,R_speed;
```

4.1　ロータリーエンコーダを使ってみよう

```
22:          //staticは周期ごとに初期化されず値が残る
23:          //1周期前のエンコーダの値を格納する変数
24:          static long Old_L_enc = 0,Old_R_enc = 0;
25:          //モータ出力用変数
26:          static short mtr_out_L = 0, mtr_out_R = 0;
27:          //同期関数　設定した周期（ここでは60Hz）ごとに、
28:          //次の処理を実行するために使用します。
29:          Sync();
30:
31:          //エンコーダ値を取得
32:          GetEncoder(&L_enc_cnt, &R_enc_cnt);
33:
34:          //エンコーダ値から速度y(t)を算出
35:          L_speed = (double)(L_enc_cnt - Old_L_enc) * 0.144 * 60.0;
36:          R_speed = (double)(R_enc_cnt - Old_R_enc) * 0.144 * 60.0;
37:
38:          // y(t)から加速させる速度を求め、モータ出力に加算（積分）する
39:          //目標値は60mm/sec、ゲインKは5.0とする
40:          mtr_out_L += 5.0 * (60 - L_speed);
41:          mtr_out_R += 5.0 * (-60 - R_speed);
42:
43:          //モータに速度を設定する
44:          Mtr_Run_lv(mtr_out_L, mtr_out_R, 0, 0, 0, 0);
45:
46:          //次の周期のため、現在のエンコーダ値を変数に代入
47:          Old_L_enc = L_enc_cnt;
48:          Old_R_enc = R_enc_cnt;
49:      }
50:  }
```

main 関数の各行について説明します。

- 0 行目は関数の宣言です。
- 3、4 行目は各機能の初期設定を行っています。
- 7 行目でエンコーダを使うための初期設定をしています。また、9 行目で現在のエンコーダの値を 0 にクリアしています。
- 13、14 行目で、ボタンを押すまで待つ処理を行っています。
- 17 行目以降はメインループです。
- 19 〜 26 行目で使用する変数を宣言しています。通常の変数はループごとに宣言され直すようになっているため、変数内の値は消えますが、static 変数は次の周期時も変数内の値が残るようになります。
- 32 行目で現在のエンコーダ値を取得しています。

107

- 35、36 行目で左右モータの現在のエンコーダ値と、前回のエンコーダ値から速度を算出しています。前回取得時の値から今回の値を引くと、1/60 秒の間でカウントした値が求まります。60Hz でループさせているので、この値を 60 倍すると 1 秒間でのカウントした値になり、この値に、1 カウント分の 0.144mm をかけると、1 秒間に進んだ距離〔mm/sec〕になります。
- 40、41 行目でモータへの出力値を計算しています。目標の 60mm/sec から現在の速度を引き、ある一定の値（ゲイン K）をかけてモータ出力に加算することで、目標速度に収束するように速度を制御できます。ここで、ゲイン K は 5 となっていますが、これは何度かゲインを変えながら動作確認をし、設定した値です。ゲインを変更すると、フィードバックの影響が変化しますので、いろいろな数値を試してみてください。
- 44 行目でモータ出力を設定します。
- 47、48 行目で次の周期で利用するため、現在のエンコーダ値を変数に代入します。

4.2 ロボットを無線操縦してみよう

CPU ボードには、専用の無線コントローラ「VS-C3」が販売されています。このコントローラは、16 個のボタンと X、Y 軸の傾きを取得できるアナログスティックが 2 本備わっています。コントローラのデザインは市販のゲームコントローラと類似しているので、ロボットの操縦には非常になじみやすくなっています。なお、コントローラの受信機と CPU ボードを接続するために「VS-C3・VS-BT003 接続フレーム　ビュートローバー用」が別途必要です。

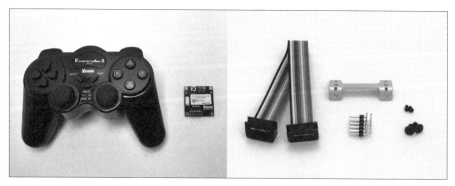

図 4.8　無線コントローラ「VS-C3」と「VS-C3・VS-BT003 接続フレーム　ビュートローバー用」

4.2.1　VS-C3 の取付け

CPU ボードにコントローラを接続する場合は、10 ピンアングルのピンヘッダを「PAD（CN14）」のポートにはんだ付けします。次にマニュアルに沿って、VS-C3 の受信機をアルミ

フレームに取り付け、本体にねじで固定します。フラットケーブルで CPU ボードと VS-C3 受信機を接続します。このとき、フラットケーブルを接続する向きに注意してください。

4.2.2　VS-C3 を使ったプログラム

それでは、コントローラの十字ボタンおよびアナログスティックでロボットを操縦するプログラムを作成してみましょう。コントローラから情報を取得する場合は、関数 updatePAD()、関数 getPAD() をそれぞれ使用します。

▶ void updatePAD()

updatePAD 関数は、コントローラから現在のすべての入力（ボタンの ON/OFF およびアナログスティックの傾き）を取得し、CPU ボードのメモリマップに記録します。

引数
なし。

戻り値
なし。

▶ short getPAD(uint8_t num)

getPAD 関数は、CPU ボードのメモリマップに記録したコントローラの入力情報を取得し、戻り値で返します。

引数
uint8_t num：取得する入力値の種類を選択します。サンプルソースでは、種類ごとに次の文字列で定義されています。

- PAD_B1……ボタン 1 バイト目
- PAD_B2……ボタン 2 バイト目
- PAD_AN_RX……右アナログスティック X 軸
- PAD_AN_RY……右アナログスティック Y 軸
- PAD_AN_LX……左アナログスティック X 軸
- PAD_AN_LY……左アナログスティック Y 軸

第4章　拡張部品でロボットをステップアップさせてみよう

戻り値

　引数で与えた種類の数値を1 byte で返します。ボタン入力の場合は8個のボタン情報を、アナログスティックの場合は− 128 〜 127 の範囲の傾きを、それぞれ返します。

　ボタン入力は、ボタンのON/OFF を1 bit で表した16 bit（2 byte）の数値で取得します。各 bit に対応するボタンの種類は、表4.1 のとおりです。なお、CPU ボードのサポートページで配布しているサンプルソースでは、ソースを読みやすくするため、列挙子（enum{ }）で各ビットに対してボタン名を定義しています。

表4.1　各 bit に対応するボタンの種類（上位 byte）

ボタン名	対応 bit	対応数値（16 進数）
十字左	1000_0000	0x80
十字下	0100_0000	0x40
十字右	0010_0000	0x20
十字上	0001_0000	0x10
START	0000_1000	0x08
右アナログスティックを押し込む	0000_0100	0x04
左アナログスティックを押し込む	0000_0010	0x02
SELECT	0000_0001	0x01

表4.2　各 bit に対応するボタンの種類（下位 byte）

ボタン名	対応 bit	対応数値（16 進数）
□	1000_0000	0x80
×	0100_0000	0x40
○	0010_0000	0x20
△	0001_0000	0x10
R1	0000_1000	0x08
L1	0000_0100	0x04
R2	0000_0010	0x02
L2	0000_0001	0x01

　アナログスティックの入力は、X 軸（横方向）、Y 軸（縦方向）で、それぞれ1 byte の char 型の数値（− 128 〜 127）で取得します。数値は上、右がプラス、下、左がマイナスになります。

　では、プログラムを見ていきましょう。

　十字ボタンの操縦は、上下を押すとロボットが前進・後退、左右を押すとロボットが左右旋回をするようにしましょう。アナログスティックの操縦は、左アナログスティックを前後に傾けると前進・後退、右アナログスティックを左右に傾けると旋回するようにしましょう。

110

```
 0:   void main(void)
 1:   {
 2:       //制御周期の設定[単位：Hz　範囲：30.0〜]
 3:       const unsigned short MainCycle = 60;
 4:       Init(MainCycle);   //CPUの初期設定
 5:
 6:       LED(3);                  //緑・オレンジのLEDを点灯
 7:       while(1){           //メインループ
 8:           Sync();         //同期
 9:           updatePAD();    //コントローラのボタン入力情報を更新
10:
11:           if(getPAD(PAD_B1) & BTN_UP){             //十字上が押されたら
12:               Mtr_Run_lv(20000,-20000,0,0,0,0);    //前進
13:           }
14:           else if(getPAD(PAD_B1) & BTN_DOWN){       //十字下が押されたら
15:               Mtr_Run_lv(-20000,20000,0,0,0,0);    //バック
16:           }
17:           else if(getPAD(PAD_B1) & BTN_RIGHT){      //十字右が押されたら
18:               Mtr_Run_lv(-20000,-20000,0,0,0,0);   //右旋回
19:           }
20:           else if(getPAD(PAD_B1) & BTN_LEFT){       //十字左が押されたら
21:               Mtr_Run_lv(20000,20000,0,0,0,0);     //左旋回
22:           }
23:           else{                   //何も押されていなかったら
24:           //停止　アナログスティックの値で移動
25:           //（左スティック前後で前後進、右スティック左右で旋回）
26:           //アナログスティックの傾きをモータの速度に変換して代入
27:               Mtr_Run_lv((getPAD(PAD_AN_LY) + getPAD(PAD_AN_RX)) * -127,
28:                          (getPAD(PAD_AN_LY) - getPAD(PAD_AN_RX)) * 127,
29:                          0, 0, 0, 0);
30:           }
31:       }
32:   }
```

main 関数の各行について説明します。

- 0 行目は関数の宣言です。
- 3、4 行目は各機能の初期設定を行っています。
- 7 行目以降はメインループです。
- 9 行目で、コントローラの入力を取得し、CPU ボード内の情報を更新しています。
- 11 行目で、十字ボタン上の入力を確認し、ボタンが押されている場合（bit が 1）はロボットを前進させます。ここで、if 文の条件に論理積（&）を使用すると、ほかのボタン入力に影響されず、十字ボタン上だけが押されているかどうかを判別することができます。

第4章　拡張部品でロボットをステップアップさせてみよう

- 14、17、20 行目も同様に、十字ボタン下、右、左の入力を論理積で判断しています。
- 27 〜 29 行目は、十字ボタンが何も押されていないときに、アナログスティックの傾きを取得してモータの速度に代入しています。取得した数値を引数に与えることで、スティックの傾きによってモータの速度を変えることができます。

例題

このサンプルソースを改造して、R1 ボタンを押しながら操作するとロボットの速度が倍に、逆に、R2 ボタンを押しながら操作するとロボットの速度が半分になるようなプログラムを作成してみましょう。

4.3 ▶ Arduino と I²C で連携してみよう

Arduino は電子工作の基礎学習用途として世界的によく使われているオープンソース、オープンハードの基板です。C++ 言語に独自のライブラリを加えた Arduino 言語を用いることで、DC モータやサーボモータ、アナログセンサなどを簡単に用いることができます。

そんな Arduino に搭載されている機能の 1 つに I²C（"アイツーシー"もしくは"アイスクエアドシー"）があります。I²C は、マイコン同士やマイコンとセンサなどの周辺機器を接続する際によく用いられる通信規格の一種です。本節では I²C を用いて、VS-WRC103LV と Arduino を接続し、連係動作を行うことにチャレンジします。

本節で学ぶ知識を活かすことで、VS-WRC103LV から Arduino に接続されたセンサの値を取得したり、Arduino に接続されたサーボモータをコントロールしたりすることができるようになります。また Arduino だけでなく、Raspberry Pi など、I²C を搭載したさまざまな機器と通信することが可能となります。

4.3.1 ▷ I²C（IXBUS）とは

先述したように、I²C はマイコン同士やマイコンと周辺機器を接続する際によく用いられている通信規格で、VS-WRC103LV には「IXBUS」という名称で搭載されています。

I²C は、同期信号を送る SCL とデータを送る SDA という 2 本の線を使って通信を行うシリアル通信方式の規格です。シリアル通信については、127 ページのコラム「シリアル通信」を参照してください。I²C は完全なマスタ・スレーブ方式で、理論上は 1 つのマスタデバイスに対して最大 112 個のスレーブデバイスを接続することができます。各スレーブは個別に ID を持っているため、マスタは通信開始時に ID を指定することで、特定のスレーブとのみ通信を

112

行うことができます。例えば、ライントレースなどのために 8 個の赤外線センサを一気に増設できる 8 連赤外線センサボード「VS-IX010」の ID は 0x90 に設定されています。

I^{2}C の通信は 2 種類存在し、それぞれ Read と Write と呼ばれます。Read はマスタがスレーブから何らかのデータを取得する通信で、Write はマスタからスレーブへ何らかのデータを送信する通信です。これらはすべてマスタからの Read 命令、Write 命令を起点として行われ、スレーブがマスタに対して通信を始めたり、スレーブ同士で通信を行うことはできません。

4.3.2 VS-WRC103LV と Arduino の接続

今回は VS-WRC103LV と Arduino UNO を接続します。I^{2}C でデバイスを接続する際には各デバイスの動作電圧に注意する必要があります。VS-WRC103LV は 3.3V 駆動、Arduino UNO は 5V 駆動のため、両者を直接接続すると動作電圧の低い VS-WRC103LV が破損します。

そこで、両者の電圧を区別したまま信号のやり取りを行うために、レベル変換を行います。レベル変換にはいくつか方法がありますが、双方向変換を必要とする I^{2}C に用いられる方法としては、MOSFET を使用する方法と、専用 IC を使用する方法とがあります。MOSFET を使用するレベル変換の回路図を以下に示します。

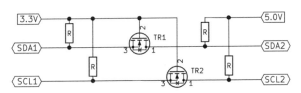

図 4.9 MOSFET を用いた I^{2}C 電圧レベル変換回路図

回路には 2 つの Nch-MOSFET と 4 つの抵抗器が存在します。MOSFET を挟んで左側が低電圧領域、右側が高電圧領域です。I^{2}C のラインは、通信しないときには常に High にしておく必要があるため、それぞれ抵抗 R によってプルアップされています。抵抗 R には 1kΩ〜10kΩ 程度のものを使用するのが一般的です。

この非常にシンプルな回路の利点は、安価にかつ簡単に製作可能であることです。その代わり、適切な MOSFET を選択しなければ、正しく動作しなかったり故障が発生したりする可能性があります。

一方の専用 IC を用いた場合には、対応電圧さえ間違えなければ、これらの心配をする必要はまずないといっていいでしょう。使いやすい DIP タイプのモジュールも販売されているため、MOSFET を使ったレベル変換よりもさらに簡単に使用することができます。

第 4 章　拡張部品でロボットをステップアップさせてみよう

　今回は、秋月電子通商で取扱いのある I²C バス用双方向電圧レベル変換専用 IC「PCA9306」を使用した DIP タイプの市販モジュールを使用し、VS-WRC103LV と Arduino を I²C で接続しました。以下に、配線図とブレッドボードを用いて接続した様子を示します。写真のブレッドボード上の小さなモジュールがレベル変換モジュールです。

　なお、今回使用したモジュールでは、プルアップ抵抗もモジュールに含まれている点に注意が必要です。VS-WRC103LV、Arduino では、それぞれ必要なプルアップがすでに行われています。そのため、モジュールをそのまま使用するとプルアップ抵抗が 2 重に存在する状態となり、正しく機能しません。そこで今回は、VS-WRC103LV では変換モジュール上のパターンをカットすることでモジュールのプルアップが働かないようにし、Arduino 側では A5、A4 ピンを INPUT に設定することで Arduino のプルアップが働かないように対処しています。

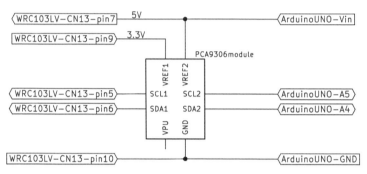

図 4.10　電圧変換モジュール配線図

図 4.11　電圧変換モジュールと VS-WRC103LV、Arduino の様子

今回は Arduino のシリアルモニタを使用しつつ、VS-WRC103LV ではモータなどは使用しないため、VS-WRC103LV の電源を Arduino から供給しています。Arduino や VS-WRC103LV の消費電流が大きくなるような構成の場合、電流不足が生じてリセットする可能性があるため、その場合は電源を増強してください。また、複数の電圧源を使用した場合、GND の電位差により予期せぬトラブルが生じることがあります。GND を共通にすることを忘れないでください。

⟨ 4.3.3 ⟩ Arduino から値を取得するプログラム

それでは、C 言語で Arduino と通信を行うプログラムを作ってみましょう。今回は、VS-WRC103LV をマスタ、Arduino をスレーブとしてプログラムの作成を行います。なお、VS-WRC103LV の I^2C 機能を使用するためには、ダウンロードページの IXBUS サンプルを使用してください。

ここでは関数 I2C_Init()、Get_uint8() を使用して、Arduino から 1 byte のデータを取得するプログラムを作成します。

▶ void I2C_Init()

I2C_Init 関数は、CPU ボードの I^2C ポート（IXBUS 通信用ポート）を初期化する関数です。IXBUS をプログラムで使う場合、必ずプログラムの最初に一度だけ実行してください。

引数
なし。

戻り値
なし。

▶ unsigned char Get_uint8(unsigned char Addr, unsigned int *retdata)

Get_uint8 関数は、マスタとして I^2C を使い、特定のアドレスのデバイスから 8 ビット符号なし整数 1 個（1 byte 分）を取得します。CPU ボードのメモリマップには、I^2C でのデータ送受信用に 16 byte の領域が割り当てられています。この領域に、外部デバイスから取得した情報が書き込まれたり、逆にここに数値を書き込んで外部デバイスに送信したりします。Get_uint8 関数は引数であるアドレスに対して Read 命令を送信し、1 byte のデータを 8 ビット符号なし整数型で取得します。

第 4 章　拡張部品でロボットをステップアップさせてみよう

引数

　unsigned char Addr：データを取得するスレーブアドレスを指定します。サンプルソースでは 0x08 を指定しています。

　unsigned int *retdata：取得したデータを代入する 8 ビット符号なし整数型変数へのポインタを与えます。必ず uint8_t 型の変数を指定してください。

戻り値

　値を取得できれば 1 を、うまくいかずタイムアウトした場合は 0 を返します。

　ixbus.c 内の Get_uint8 関数のソースコードを見てみましょう。

```
 0:    unsigned char Get_uint8(unsigned char Addr, unsigned int* retdata){
 1:        int i;
 2:        //受信バッファをクリア
 3:        for(i = 0; i < IIC_BUFSIZE; i++){
 4:            I2CSlaveBuffer[i] = 0x00;
 5:        }
 6:
 7:        //送受信データのbyte数設定
 8:        I2CWriteLength = 1;
 9:        I2CReadLength = 1;
10:        //送信データのセット　スレーブアドレス（SLA）+Read要求
11:        I2CMasterBuffer[0] = (Addr<<1) | 0x01;
12:
13:        //通信開始
14:        I2CEndFlag = 0;
15:        I2CEngine();
16:
17:        i = 0;
18:        while(I2CEndFlag == 0){
19:            i ++;
20:            if(i > 200){
21:                return 0;
22:            }
23:        }
24:        *retdata = I2CSlaveBuffer[0];
25:
26:        return 1;
27:    }
```

　VS-WRC103LV のマイコンである LPC1343 の I^{2}C 機能は、マスタとして送信したい

データを送信バッファ I2CMasterBuffer[] に書き込み、取得したデータを受信バッファ I2CSlaveBuffer[] から読み込むことで動作します。以下に関数の説明します。

- 3 ～ 5 行目で受信バッファである I2CSlaveBuffer[] をクリアしています。
- 8、9 行目で、実施する通信でやり取りするデータのバイト数を指定しています。I2CWriteLength が送信データ、I2CReadLength が受信データのバイト数です。
- 11 行目で、送信バッファにアドレスと Read 命令をセットしています。I^2C では、スタート信号の次にアドレスと Read/Write 命令を 1 byte のセットにして送信します。0 ～ 7 bit がアドレスビット、8 bit が命令ビットです。そのため、引数で得たアドレスを 1 bit シフトし、8 bit 目に Read 命令を表す 1 をセットしています。Write 命令の場合は 8 bit 目に 0 をセットします。
- 14 行目で I^2C 通信の終了フラグを折っています。
- 15 行目で I^2C 通信を開始する関数 I2CEngine() を呼び出しています。
- 17 ～ 23 行目で、ループ処理を使ってタイムアウト処理を行っています。
- 24 行目で、受信データを引数で得たアドレスに格納しています。

　それでは、Arduino から値を取得し、その値が 0 であればオレンジの LED を消灯、1 であれば点灯するプログラムを作ってみましょう。次のプログラムは、アドレス 0x08 に設定した Arduino からマスタとして値を取得する VS-WRC103LV のプログラムです。またその後に Arduino 用のプログラム（スケッチ）も記載します。

```
 0:   int main (void)
 1:   {
 2:       //制御周期の設定[単位：Hz　範囲：30.0～]
 3:       const unsigned short MainCycle = 60;
 4:       uint8_t retdata = 0;   //取得データ
 5:
 6:       Init(MainCycle);        //CPUの初期設定
 7:       I2C_init();             //IXBUS初期化
 8:
 9:       LED(1);                 //起動確認用緑LED点灯
10:       Wait(1000);
11:
12:       //ループ
13:       while(1){
14:           Sync();
15:
16:           Get_uint8(0x08, &retdata);
17:
```

第 4 章　拡張部品でロボットをステップアップさせてみよう

```
18:         if(retdata){
19:             LED(3);
20:         }else{
21:             LED(1);
22:         }
23:
24:         Wait(500);
25:     }
26: }
```

main 関数の各行について説明します。

- 0 行目は関数の宣言です。
- 3 〜 6 行目は各機能の初期設定を行っています。
- 7 行目は、IXBUS の初期設定を行っています。
- 13 行目以降はメインループです。
- 16 行目はアドレス 0x08 の Arduino へ Read 命令を出して 1 byte を取得しています。
- 18 〜 22 行目は、取得した retdata の値を確認して LED の点灯設定を行っています。

0.5 秒に一度、Arduino に対して Read 命令を送信し、その結果に基づいてオレンジの LED の点灯状態を変更しています。

続いて Arduino UNO のスケッチを示します。

```
0:   #include <Wire.h>
1:
2:   void setup() {
3:       Wire.begin(0x08);                  // アドレス0x08でI2Cバスに参加
4:       pinMode(SDA, INPUT);               // SDAをINPUTにしてプルアップを無効に
5:       pinMode(SCL, INPUT);               // SCLをINPUTにしてプルアップを無効に
6:       Wire.onRequest(requestEvent);      // Readイベント発生時に呼び出す関数を設定
7:       Serial.begin(9600);                // シリアル通信スタート
8:       Serial.println("start");           // シリアル通信で"start"送信
9:   }
10:
11:  void loop(){
12:      delay(10);
13:  }
14:
15:  uint8_t x = 0;                         // 送信データ用変数
16:
17:  void requestEvent() {                  // Readイベント発生
```

```
18:        Serial.println("onRequest");
19:        x++;
20:        x %= 2 ;                       // 0と1を交互に生成
21:        Wire.write(x);                 // xをマスタに送信
22:        Serial.print("send:");
23:        Serial.println(x);
24:    }
```

スケッチの各行について説明します。

- 0 行目で Arduino の I²C ライブラリの Wire.h をインクルードしています。
- 3 行目でアドレス 0x08 のスレーブモードでの I²C 通信をセットアップしています。
- 4、5 行目で Arduino の内部プルアップ機能を OFF にしています。
- 6 行目で Read 命令受信時に呼び出される関数を設定しています。
- 7 行目で PC とのシリアル通信を開始しています。
- 11 ～ 13 行目はメインループですが、やることがないので delay のみ行っています。
- 15 行目で VS-WRC103LV に送信するデータ用の変数を宣言しています。
- 17 行目からは、マスタからの Read 要求が届いた際に実行される関数です。
- 19、20 行目で送信する値を計算しています。0 と 1 が交互に設定されます。
- 21 行目で、送信データを送信しています。

このプログラムを実行する際には、VS-WRC103LV、Arduino それぞれにプログラムを書き込み、Arduino の DC ジャックに電源を接続するか、USB ケーブルを用いて PC と接続してください。なお、接続するとすぐに電源が供給されるので、あらかじめ配線に間違いがないことをよく確認してください。電源投入後、VS-WRC103LV のオレンジの LED が 0.5 秒ごとに ON/OFF すれば成功です。VS-WRC103LV に送信している値をシリアル通信で出力しているので、Arduino IDE のシリアルモニタを用いることでも、動作を確認することができます。

例題

このプログラムを変更して、VS-WRC103LV の受信データが 0 であれば緑とオレンジの両方の LED を消灯、1 なら緑の LED のみ点灯、2 ならオレンジの LED のみ点灯、3 なら両方の LED を点灯するプログラムを作成してみましょう。

第4章　拡張部品でロボットをステップアップさせてみよう

‹ **4.3.4** › Arduino へ値を送信するプログラム

続いて、マスタの VS-WRC103LV からスレーブの Arduino にデータを送るプログラムを作成してみましょう。ここでは、4.3.3 項で使用した I2C_Init 関数と、新たに Send_uint8 関数を用います。

◢ unsigned char Send_uint8(unsigned char Addr, unsigned int* senddata)

Send_uint8 関数は、マスタとして I²C を使い、特定のアドレスのデバイスに対して Write 命令と 8 ビット符号なし整数 1 個（1 byte 分）を送信します。

引数

unsigned char Addr：データの送信先のスレーブアドレスを指定します。サンプルソースでは 0x08 を指定しています。

unsigned int *senddata：送信するデータを代入する 8 ビット符号なし整数型変数へのポインタを与えます。必ず uint8_t 型の変数を指定してください。

戻り値

値を送信できれば 1 を、何らかのエラーが発生した場合は 0 を返します。

それでは、ixbus.c にある Send_uint8 関数のソースコードを見てみましょう。

```
 0:   unsigned char Send_uint8(unsigned char Addr, unsigned int* senddata){
 1:
 2:       //送信データのbyte数設定
 3:       I2CWriteLength = 2;
 4:       I2CReadLength = 0;
 5:
 6:       //送信データのセット　スレーブアドレス（SLA）+Write要求
 7:       I2CMasterBuffer[0] = (Addr<<1)&0xFE;
 8:       I2CMasterBuffer[1] = *senddata;
 9:
10:       //通信開始
11:       if(I2CEngine()){
12:           return 1;
13:       }else{
14:           return 0;
15:       }
16:   }
```

120

4.3 Arduino と I²C で連携してみよう

基本的な構造は前項で使用した Get_uint8 関数と同様です。関数の各行について説明します。

- 3〜4 行目で送信データ、受信データのサイズを指定しています。送信データはアドレス＋Write 命令と送信するデータで 2 byte に、受信データはありませんので 0 byte に設定されています。
- 7 行目でアドレスと Write 命令をセットしています。0〜7 bit がアドレスのため、引数を 1 つ左にシフトしています。Write 命令は 8 bit 目に 0 をセットすることで有効となるので、0xFE を AND することでセットしています。
- 11 行目で I2CEngine 関数を呼び出して通信を開始しています。また、11〜15 行目で、I2CEngine 関数が成功した場合は 1 を、失敗した場合は 0 を戻すようにしています。

これらの関数を用いて、VS-WRC103LV から Arduino UNO に値を送信するプログラムを作ってみましょう。送信する値は 0 からスタートし、送信が成功するごとに＋1 されるようにします。次のプログラムは、アドレス 0x08 に設定した Arduino へマスタとして値を送信する VS-WRC103LV のプログラムです。またその後に Arduino 用のプログラム（スケッチ）も記載します。

```
0:    int main (void)
1:    {
2:        //制御周期の設定[単位：Hz　範囲：30.0〜]
3:        const unsigned short MainCycle = 60;
4:        uint8_t senddata = 0;　//送信データ
5:        int err = 0;
6:
7:        Init(MainCycle);          //CPUの初期設定
8:        I2C_init();               //IXBUS初期化
9:
10:       LED(3);                   //起動確認用緑LED点灯
11:       Wait(1000);
12:
13:       //ループ
14:       while(1){
15:           Sync();
16:
17:           err = Send_uint8(0x08, &senddata);   //データ送信
18:           if(err == 1){                        //送信正否確認
19:               LED(3);
20:               senddata++;                      //成功ならデータに1加算
21:           }else{
```

121

第 4 章　拡張部品でロボットをステップアップさせてみよう

```
22:               LED(1);
23:           }
24:
25:           Wait(500);
26:       }
27:   }
```

main 関数の各行について説明します。

- 0 行目は関数の宣言です。
- 2 ～ 7 行目は各機能の初期設定を行っています。
- 8 行目は、IXBUS の初期設定を行っています。
- 14 行目以降はメインループです。
- 17 行目はアドレス 0x08 の Arduino へ Write 命令を出し senddata を送信しています。
- 18 ～ 23 行目は、Send_uint8 関数の戻り値を確認し、送信が成功していれば senddata に 1 を加算しています。
- 25 行目は、500 ミリ秒周期で送信が行われるように待機しています。

続いて、Arduino 用のスケッチを示します。

```
0:    #include <Wire.h>
1:
2:    void setup() {
3:        Wire.begin(0x08);              // アドレス0x08でI2Cバスに参加
4:        pinMode(SDA, INPUT);           // SDAをINPUTにしてプルアップを無効に
5:        pinMode(SCL, INPUT);           // SCLをINPUTにしてプルアップを無効に
6:        Wire.onReceive(receiveEvent);  // Readイベント発生時に呼び出す関数を設定
7:        Serial.begin(9600);            // シリアル通信スタート
8:        Serial.println("start");       // シリアル通信で"start"送信
9:    }
10:
11:   void loop() {
12:       delay(10);
13:   }
14:
15:   void receiveEvent(int howMany) {
16:       uint8_t x = Wire.read();        // 受信データの読み込み
17:       Serial.print("x = ");
18:       Serial.println(x);              // 受信データをシリアルで送信
19:   }
```

122

スケッチの各行について説明します。

- 0 行目で Arduino の I²C ライブラリの Wire.h をインクルードしています。
- 3 行目でアドレス 0x08 のスレーブモードでの I²C 通信をセットアップしています。
- 4、5 行目で Arduino の内部プルアップ機能を OFF にしています。
- 6 行目で Read 命令受信時に呼び出される関数を設定しています。
- 7 行目で PC とのシリアル通信を開始しています。
- 11 〜 13 行目はメインループですが、やることがないので delay のみ行っています。
- 15 行目からは、マスタからの Write 要求が届いた際に実行される関数です。
- 16 行目で受信したデータを変数に格納しています。
- 17、18 行目で、受信したデータをシリアル通信で PC に送信しています。

このプログラムを実行する際には、VS-WRC103LV、Arduino それぞれにプログラムを書き込み、Arduino を USB ケーブルを用いて PC と接続してください。なお、接続するとすぐに電源が供給されるので、あらかじめ配線に間違いがないことをよく確認してください。Arduino は VS-WRC103LV から受信している値をシリアル通信で出力しているので、Arduino IDE のシリアルモニタを用いることで、動作を確認することができます。表示される値が 0 から 1 ずつ増加していき、255 を超えるとオーバーフローして再び 0 に戻れば成功です。なお実際に何らかのプログラムで使用する際には予期せぬエラーの原因となるため、変数のオーバーフローは発生しないように気をつけなければなりません。

例題

このプログラムを変更して、送信データがオーバーフローしないよう、200 を超えたら 0 に戻るように変更してみましょう。

4.4 大出力モータを動かす「研究開発用台車ロボット」

VS-WRC103LV を搭載したビュートローバーは手のひらサイズの小さなロボットなので、重い荷物を運ぶことはできません。しかし、大出力モータとそれを動かすためのモータアンプを取り付けることで、ビュートローバー同様にサンプルプログラムを使用し、LPCXpresso で開発可能な大型台車を作ることができます。

第4章 拡張部品でロボットをステップアップさせてみよう

一例として図 4.12 に示す「メガローバー」を紹介します。メガローバーではモータアンプを使用することで 40W の DC モータを駆動しています。40kg の可搬重量があり、625mm/s で走行するハイパワーな台車ロボットです。

図 4.12 メガローバー外観

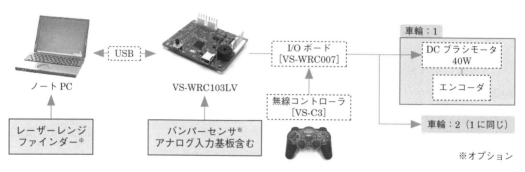

図 4.13 メガローバー機器構成図

VS-WRC103LV で使用可能なモータアンプとしては、後述する大出力モータアンプボード「VS-WRC006 ver.3」が入手可能です。

COLUMN 大出力モータアンプボード「VS-WRC006」

VS-WRC006 は、VS-WRC103LV に接続し、最大 16V・41A（FET 最大値）までの出力の大きなモータを駆動できるようにするための拡張ボードです。380 タイプモータ、540 タイプモータなど、ビュートローバーに付属のモータ以上に出力の大きいモータを使用する場合は、このボードを使用します。

VS-WRC103LV のモータ出力を増幅する回路なので、プログラムからは通常通り Mtr_Run_lv 関数を使ってモータの制御を行うことができます。

VS-WRC006 は H ブリッジ回路を用いたモータアンプです。H ブリッジ回路は DC モータに

対して正転逆転の制御を行いたい場合によく用いられます。ブリッジ制御 IC に VS-WRC103LV からの信号が入力され、4 つの FET をそれぞれ制御します。

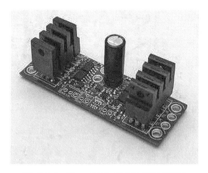

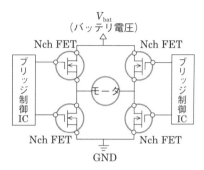

図 4.14　モータアンプ VS-WRC006　　　　**図 4.15**　VS-WRC006 の H ブリッジ回路

　図 4.16 に正転逆転させる原理を示します。右上左下の FET を ON にするとモータには左側から電流が流れ、右下左上の FET を ON にすると右側から流れます。それぞれの場合で、モータに電流が流れる向きが反対なので正転、逆転を制御することができます。

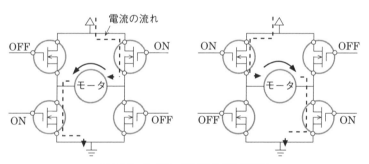

図 4.16　H ブリッジ回路での正転逆転

4.5　Bluetooth（SSP）モジュール「VS-BT003」を用いたタブレットとの連携

　Bluetooth シリアル通信モジュール「VS-BT003」は、SPP プロファイルに対応した Bluetooth モジュールセットです。Bluetooth プロファイルの SPP による RFCOMM により、外部 PC などから仮想 COM ポートとして通信することができ、シリアル通信デバイスを無線化することができます。

第 4 章　拡張部品でロボットをステップアップさせてみよう

　VS-BT003 は、IXBUS デバイスと同じく CPU ボードの CN13（IXBUS）にピンヘッダを
はんだ付けして接続できます。

　無線シリアル通信が可能になると、外部 PC など CPU ボードよりも高性能なデバイスから
の制御が容易になり、カメラ画像や音声認識など CPU ボード単体では処理しきれない情報も、
外部の PC などで処理を負担させるリモートブレイン方式で対応できます。例えば、複数のロ
ボットにマーカをつけた状態で、天井カメラなどのグローバルビジョンで撮影して協調動作さ
せるなどの高度な使い方も可能になります。

　また、PC 以外にも Android OS を搭載したスマートフォンなど、SPP プロファイルに対応
した Bluetooth デバイスを持つモバイル機器で CPU ボードを制御できるため、携帯端末を組
み込んだロボット製作も容易です。本節では、Android OS を搭載したタブレット端末との通
信に取り組みます。

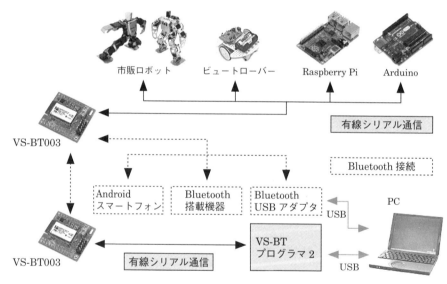

図 4.17　VS-BT001 に接続できる機器例

表 4.3　VS-BT003 の主な仕様

サイズ（W × D × H）	35 × 38 × 12〔mm〕
重量	約 8g
電源電圧	3.3V
対応機種	Robovie-X・Robovie-nano などの VS-RC003HV 搭載ロボット、ビュートローバー (ARM/H8)、その他 UART 対応デバイス
Bluetooth モジュール	RN-52
Bluetooth 仕様	Bluetooth 3.0 Class 2
Bluetooth プロファイル	A2DP、ARCP、HFP/HSP、SPP

(続く)

(続き)

インターフェース	UART、Speaker 2ch、Microphone 2ch
販売価格（税抜き）	9,241 円

VS-BT003 に関する情報は以下の Web ページをご参照ください。

http://www.vstone.co.jp/products/vs_bt003/index.html

> **COLUMN　シリアル通信**
>
> 　シリアル通信とは、信号線上を 1 bit ずつ、順番にデータを送る通信方法です。1 bit ずつ順番に送れるため、信号線が少なくてすみます。対照的に、信号線の多いパラレル通信というものがありますが、こちらは複数の信号線を使用してたくさんのデータを送ることができます。通信速度は原理的にパラレルのほうが高速ですが、通信する IC のピンが多く必要になるため、製造コストが高くなります。また、パラレルでは仕様として配線の長さを長くできない、シリアル通信に必要な複雑な集積回路を安価に製造できるようになった、などの理由により現在はシリアル通信が主流となっています。
>
>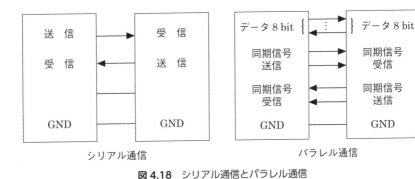
>
> **図 4.18**　シリアル通信とパラレル通信

▶ 非同期通信（調歩同期方式）

　マイコンでは、非同期通信回路（UART）が一般的に利用されます。

　非同期通信は、送信側と受信側で送信する通信速度（ボーレート）や通信仕様をあらかじめ決めておき、それに合わせてデータを送信する通信方式です。以下のような通信フレームで、データを送信します。

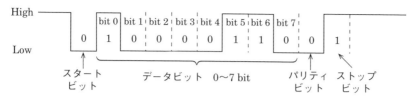

図 4.19 非同期通信の通信フレーム例

　何も通信をしていない状態では、信号線は常に High レベルになっており、Low レベルのスタートビットを送信すると、次のビットから受信側がデータの受信を開始します。スタートビット後に 8 または 7 bit のデータを送信します。一般的には 1 byte 分の 8 bit を利用します。また最後に、パリティビット、ストップビットを送信します。

▎パリティビット

　パリティビットは、1 となっているビットの数が偶数個の場合、1 を送信します。これを偶数パリティといい、逆に奇数個の場合を奇数パリティといいます。このビットは設定せずに通信することも可能です。

　パリティビットを設定すると、間違った信号が混入した際に、1 のビットの数を数え、パリティビットと比較することで、通信エラーとして間違ったデータの受信を減らすことができます（エラー判定は、UART 回路で自動的に行われることが多いです）。ただし、1 bit 増えるため通信時間が 10％程度多くかかってしまいますので、ノイズの少ない経路では使用しない場合が多いです。

▎ストップビット

　ストップビットは、送信終了を意味するもので、1 bit または 2 bit の High レベル信号を送信します。この後、続けてフレームを送信する場合は、1 または 2 bit 後にスタートビットを送信しますが、しばらく時間が空く場合は High のまま待機します。

▎ボーレート

　通信する際の速度をボーレートと呼びます。ボーレートは、1 秒間に何 bit 送信するかを設定します。単位は bps（bit 毎秒）で表されます。一般的には、以下のような速度が利用されます。

```
2400 bps、4800 bps、9600 bps、19200 bps、38400 bps、115200 bps
```

19200 bps だと、1 秒間に 19200 bit 送受信できます。非同期通信の一番シンプルなフレームだと 10 bit なので、通信速度 19200 bps だと、最大 1920 byte 分のデータを 1 秒間に送受信できます。

> **COLUMN** **Bluetooth**
>
> Bluetooth は、デジタル機器用の近距離無線通信規格で、Bluetooth 搭載機器の PC、携帯電話、スマートフォンにおいて、文字、音声などのデジタル情報を無線通信でやり取りすることができます。
>
> 近距離といっても、数 m から約 100m 程度と、小規模なロボットなどでは十分な距離で通信が可能です。また、2.4GHz の周波数帯（ISM バンド）を使用するため、免許などが必要なく、電波認証済みの機器であれば誰でも利用できます。
>
> Bluetooth は、利用する周波数をランダムに変える周波数ホッピングを採用しています。そのため、ほかの Bluetooth 機器との同時使用でも混信を起こさずに通信が行えます。ただし、ISM バンドは無線 LAN など多くの機器で利用されるので、電波が込み合うと通信速度が低下する可能性があります。

それでは、VS-BT003 を使用して Bluetooth を用いて Android タブレット端末と通信を行ってみましょう。

VS-BT003 を使用する場合、まずいくつか準備が必要です。

1） VS-BT003 の取付け

VS-BT003 と合わせて「VS-C3・VS-BT003 接続フレーム ビュートローバー用」を用意し、付属の取扱説明書を参考に、ビュートローバーに VS-BT003 を取り付けます。VS-WRC103LV は IXBUS ポートにのみシリアル通信用のポートがありますので、ピンヘッダを CN13（IXBUS）ポートにはんだ付けし、コネクタの出張りが、上に向くように接続します。

図 4.20 BT001 をビュートローバーに取り付ける

2）Bluetooth シリアル通信確認用ターミナルアプリの準備

　Android とのシリアル通信を確認するため、SPP による RFCOMM に対応したフリーのターミナルアプリを使用します。使用される端末の環境などに合わせて好みのものを使ってください。ただ、アプリと環境の相性によっては正常に動作しない可能性があります。ここでは「Serial Bluetooth Terminal」というアプリを使用します。

3）サンプルの書込み

　VS-WRC103LV のダウンロードページより、「IX ポート（SCI）シリアル通信サンプル」サンプルをダウンロードし、VS-WRC103LV に書き込みます。サンプルの内容については、後ほど解説します。

　本サンプルは、シリアル通信用関数を追加しているため、その他のサンプルに追加するのではなく、必ずサンプルをダウンロードし直してください。

4）VS-BT003 と Android 端末とのペアリング

　VS-BT003 の電源を入れて、ステータスがペアリング待機状態であることを確認してから、以下の手順に従ってペアリングを行ってください。

　基本的な流れは以下のようになります。機種により手順や表示が異なる可能性があるので、詳しくは使用する端末の取扱説明書を参照してください。

① 設定パネルを開き、「設定」を選択します。

図 4.21　設定パネルで「設定」を選択

4.5 Bluetooth（SSP）モジュール「VS-BT003」を用いたタブレットとの連携

② 設定画面で Bluetooth を選択し、接続可能なデバイスの中から VS-BT003-**** を選択します。

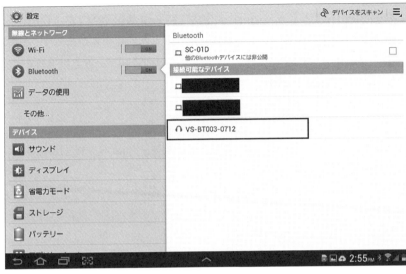

図 4.22 「VS-BT003-0712」を選択

③ 以下のように、登録済みデバイスとして表示されればペアリングは完了しています。

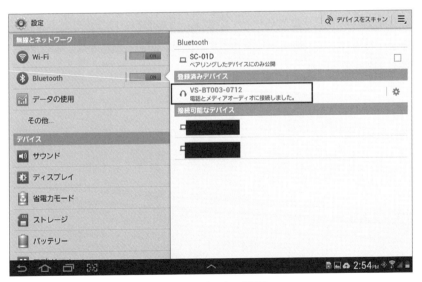

図 4.23 ペアリング完了

第4章 拡張部品でロボットをステップアップさせてみよう

シリアル通信サンプル

それでは、サンプルの内容を見ていきましょう。

void InitSci3(uint32_t baudrate, BYTE parity, BYTE stop)

InitSci3 関数は、CPU ボードのシリアル通信ポートを初期化する関数です。外部機器との
シリアル通信をプログラムで使う場合、必ずプログラムの最初に一度だけ実行してください。
各引数で、通信仕様の設定を行います。

引数

uint32_t baudrate：ボーレートの設定をします。数値または、CBR_115200 のように設定
します。

BYTE parity：パリティビットを設定します。odd、even、non のいずれかを指定します。

BYTE stop：ストップビットのビット数を設定します。1 または 2 が指定可能です。

戻り値

なし。

BYTE SciByteRx(BYTE *data)

SciByteRx 関数は、シリアル通信ポートから 1 byte のデータを受信する関数です。データ
は自動的に受信されバッファに溜められています。この関数を呼び出したときにバッファに
データがなかった場合、戻り値が 0 になります。データがあった場合は、引数 data で渡した
変数に受信データが書き込まれます。

引数

BYTE *data：受信データを代入するための変数へのポインタ。

戻り値

0：受信データなし。

1：受信データあり。

void SciByteTx(BYTE data)

SciByteTx 関数は、シリアル通信ポートから 1 byte のデータを送信する関数です。引数で
渡した数値を送信します。

132

引数

BYTE data：送信データ。

戻り値

なし。

続いてメイン関数を見ていきます。

```
0:   int main (void)
1:   {
2:       //制御周期の設定 [単位：Hz　範囲：30.0〜]
3:       const unsigned short MainCycle = 60;
4:       Init(MainCycle);        //CPUの初期設定
5:
6:       //シリアル通信初期化
7:       InitSci3(CBR_115200, non, 1);
8:
9:       unsigned char data;
10:      //ループ
11:      while(1){
12:          Sync();
13:          LED(1);              //緑のLED点灯
14:          if(SciByteRx(&data) > 0){
15:              LED(2);          //オレンジのLED点灯
16:              SciByteTx(data);
17:          }
18:      }
19:  }
```

main 関数の各行について説明します。

- 0 行目は関数の宣言です。
- 3、4 行目は各機能の初期設定を行っています。
- 7 行目はシリアルポートの初期化関数です。115200 bps、パリティなし、1 ストップビットで初期化しています。
- 11 行目よりメインループです。
- 14 行目でシリアルポートより 1 byte 受信しています。SciByteRx() がシリアルポートよりデータを受信する関数です。受信データがあれば 1 を、それ以外では 0 を返します。
- 15 行目で、受信したデータがあった場合はオレンジの LED が点灯するようにしています。
- 16 行目で、受信したデータをそのままエコーバックしています。

サンプルプログラムを書き込んだ VS-WRC103LV と Android 端末のコンソールアプリ「Serial Bluetooth Terminal」間の通信がうまくいけば、Android 端末上で図 4.24 のような画面が確認できます。

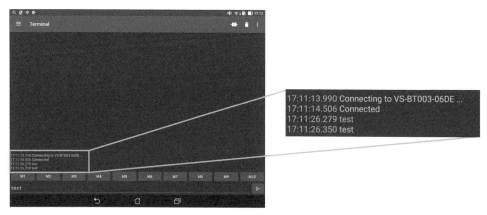

図 4.24 VS-WRC103LV と「Serial Bluetooth Terminal」間の通信がうまくいった場合

1、2 行目で VS-BT003 への接続を確立しています。3 行目で Android 端末から VS-WRC103LV に "test" というメッセージを送信し、4 行目でサンプルプログラムに従ってエコーバックされた "test" を受信しています。

4.6 その他の拡張事例

これまでに紹介した事例以外にも、CPU ボードの活用事例を紹介します。

4.6.1 平行 2 輪倒立振子ロボット「ビュートバランサー 2」

ビュートバランサー 2 は、平行に取り付けられた 2 輪で倒立をすることができるロボットです。使用されている制御ボードは VS-WRC103LV をベースとし、エンコーダやジャイロセンサといった機能を追加したものです。従って、VS-WRC103LV と同じように LPCXpresso を使って開発を行うことができます。

高度な安定化制御や運動学の学習、プログラミングの学習を目的として開発された教材であるビュートバランサー 2 には、GUI で倒立制御のパラメータを変更し、センサ値をグラフで確認できる専用ソフト「バランサー 2 プログラマ」が提供されているほか、LPCXpresso で使用可能なサンプルプログラムが用意されています。

4.6 その他の拡張事例

図 4.25 ビュートバランサー 2

135

付録 1

ARM Cortex-M3
LPC1343 仕様

A1.1 特徴

- ARM Cortex-M3 processor, running at frequencies of up to 72 MHz.
- ARM Cortex-M3 built-in Nested Vectored Interrupt Controller (NVIC).
- Serial Wire Debug and Serial Wire Trace port.
- 32 kB (LPC1343/13)/16 kB (LPC1342)/8 kB (LPC1311) on-chip flash programming memory.
- 8 kB (LPC1343/13)/4 kB (LPC1342/11) SRAM.
- In-System Programming (ISP) and In-Application Programming (IAP) via on-chip bootloader software.
- Code Read Protection (CRP) with different security levels.
- Selectable boot-up: UART or USB.
- On-chip drivers for MSC and HID.
- Serial interfaces:
  - USB 2.0 full-speed device controller with on-chip PHY for device.
  - UART with fractional baud rate generation, modem, internal FIFO, and RS-485/EIA-485 support.
  - SSP controller with FIFO and multi-protocol capabilities.
- I^2C-bus interface supporting full I^2C-bus specification and Fast-mode Plus with a data rate of 1 Mbit/s with multiple address recognition and monitor mode.
- Other peripherals:
  - Up to 42 General Purpose I/O (GPIO) pins with configurable pull-up/pull-down resistors.

付録1 ARM Cortex-M3 LPC1343 仕様

- GPIO pins can be used as edge and level sensitive interrupt sources.
- High-current output driver (20 mA) on one pin.
- High-current sink drivers (20 mA) on two I²C-bus pins in Fast-mode Plus.
- Four general purpose counter/timers with a total of four capture inputs and 13 match outputs.
- Programmable WatchDog Timer (WDT).
- System tick timer.
- Analog peripherals
- 10-bit ADC with input multiplexing among 8 pins.
- Clocking:
  - Integrated oscillator with an operating range of 1 MHz to 25 MHz.
  - 12 MHz internal RC oscillator trimmed to 1% accuracy over the entire temperature and voltage range that can optionally be used as a system clock.
  - Programmable WatchDog Oscillator (WDO) with a frequency range of 7.8 kHz to 1.8 MHz.
  - System PLL allows CPU operation up to the maximum CPU rate without the need for a high-frequency crystal. May be run from the system oscillator or the internal RC oscillator.
  - For USB (LPC1342/43), a second, dedicated PLL is provided.
  - Clock output function with divider that can reflect the system oscillator clock, IRC clock, CPU clock, or the watchdog clock.
- Power management:
  - Integrated PMU (Power Management Unit) to minimize power consumption during Sleep, Deep-sleep, and Deep power-down modes.
  - Three reduced power modes: Sleep, Deep-sleep, and Deep power-down.
  - Processor wake-up from Deep-sleep mode via a dedicated start logic using up to 40 of the functional pins.
- Single power supply (2.0 V to 3.6 V).
- Brownout detect with four separate thresholds for interrupt and one threshold for forced reset.
- Power-On Reset (POR).
- Unique device serial number for identification.
- Available as 48-pin LQFP package

A1.2 内部ブロック図

ピン配置図

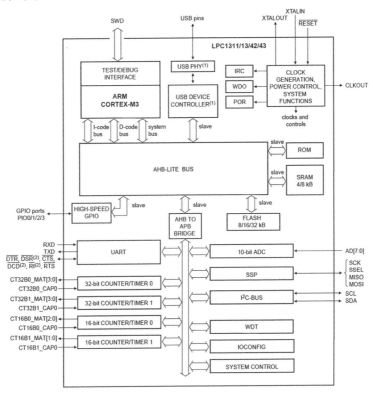

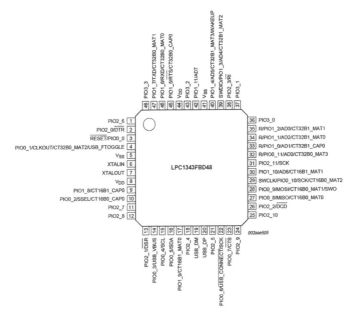

付 録 2

VS-WRC103LV

A2.1 仕様

サイズ	W56 × D46 mm
重量	13 g
CPU	ARM Cortex-M3 LPC1343（NXP セミコンダクターズ製）
電源	DC 2 ～ 4 V アルカリ乾電池 2 本　または　ニッケル水素充電池 2 ～ 3 本
出力	DC モータ × 2（連続電流 2 A まで） LED × 2（オレンジ・線） 圧電ブザー × 1
入力	アナログセンサ入力 × 2（最大 4、別途コネクタの取付けが必要）
インタフェース	USB（HID 準拠）× 1、シリアルポート（3.3 V レベル）× 1 I^2C × 1、拡張 I/O ポート、無線コントローラ接続ポート
オプション	I/O 拡張ボード　VS-WRC004LV 無線コントローラ VS-C1 および VS-C3、ローバー用無線操縦セット ISBUS 拡張ボード（VS-IX001、VS-IX008 など） ロータリエンコーダ拡張セット モータアンプ　VS-WRC006 8 連赤外線センサ　VS-IX010

A2.2 入出力について

A2.2.1 通信コネクタ（CN1）

　通信コネクタは、mini-B タイプの USB 端子となっており、市販の USB mini-B ケーブルなどでパーソナルコンピュータ（以降 PC）と接続できます。

使用している ARM マイコンには USB 機能が搭載されているため、USB で PC と接続すると自動的にドライバがインストールされ、使用できる状態となります。

▶ ポート

ARM マイコンの USB_DP、USB_DM が接続されています。
CPU ボードと PC 間の HID での通信仕様、サンプルプログラム、シリアル通信を行う方法などは、ヴイストン Web ページのサポート情報をご覧ください。

A2.2.2 DC モータ出力（CN3、4）

CPU ボードには 2ch（拡張ボード VS-WRC004LV を使用すると + 4ch）の DC モータ出力を搭載しています。

このモータ出力はビュートローバー用モータ（FA-130RA タイプモータ）を使用するためのポートになります。それ以外のモータでも、連続電流 2 A までのモータであれば接続可能です（この場合、モータの種類、使用方法によっては基板が破損する可能性がありますので、十分ご注意ください）。

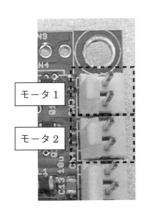

○ ビュートビルダー 2 のブロック

移動アクションブロック　　モータ制御ブロック

付録 2　VS-WRC103LV

▶ C 言語関数

void Mtr_Run_lv(short mt1, short mt2, short mt3, short mt4, short mt5, short mt6)

　設定した速度でモータを駆動。呼び出した後はその状態を保持し、制御値に 0 を与えるまで停止しない。

引数

　モータの制御値

　ブレーキ：0、0x8000

　時計回り最大値：0x7FFF（32767）

　反時計回り最大値：0x8001（− 32767）

戻り値

　なし。

▶ ポート

VS-WRC103LV

　CN3（M1）PIO2_0、PIO2_1（方向出力）PIO0_8（PWM、16 bit タイマー B0MR0）

　CN4（M2）PIO2_2、PIO2_3（方向出力）PIO1_9（PWM、16 bit タイマー B1MR0）

VS-WRC004LV（オプション）

　CN3（M3）PIO2_4、PIO2_5（方向出力）PIO1_6（PWM、32 bit タイマー B0MR0）

　CN4（M4）PIO2_6、PIO2_7（方向出力）PIO1_7（PWM、32 bit タイマー B0MR1）

　CN5（M5）PIO2_8、PIO2_9（方向出力）PIO0_9（PWM、16 bit タイマー B0MR1）

　CN6（M6）PIO2_10、PIO2_11（方向出力）PIO0_10（PWM、16 bit タイマー B0MR2）

‹ A2.2.3 › LED

　CPU ボードには、オレンジ、緑の LED が 1 個ずつ搭載されています。それぞれの LED は接続されているポートを Low レベルにすることで点灯します。

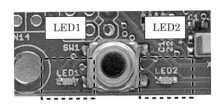
○ビュートビルダー2のブロック

LEDブロック（オレンジ）　　LEDブロック（緑）

▶ C言語関数

void LED(BYTE LedOn)
CPUボード上の2つのLEDを制御する関数。

引数
0：消灯
1：緑が点灯
2：オレンジが点灯
3：両方とも点灯

戻り値
なし。

▶ ポート

LED1（オレンジ）：PIO0_3
LED2（緑）：PIO0_7

⟨ A2.2.4 ⟩ ブザー出力

CPUボードには、圧電ブザーが搭載されており、単音を出力することが可能です。ブザーは32 bitタイマー1の割込みにより、PIOポートをスイッチングして駆動しています。

○ビュートビルダー2のブロック

ブザーブロック

○ポート
PLO1_8

143

付録2 VS-WRC103LV

◢ C 言語関数

void BuzzerSet(BYTE pitch, BYTE vol)

音程、ボリュームの設定。ブザーを鳴らす際の音程とボリュームを設定。

引数

pitch：音程の設定（0 〜 255、値が大きいほど低い音）

vol：ボリュームの設定（0 〜 128）

戻り値

なし。

void BuzzerStart()

開始。ブザーを鳴らし始める。BuzzerStop 関数を呼ぶまで鳴り続ける。

引数

なし。

戻り値

なし。

void BuzzerStop()

停止。ブザーを止める。

引数

なし。

戻り値

なし。

‹ A2.2.5 › スイッチ入力（SW1）

CPU ボードには、1つの押しボタンが搭載されています。ビュートビルダー2を使用する場合、このボタンを押すことで、書き込んだシーケンスをスタートさせます。シーケンスを再生中は、スイッチ入力として使用可能です。

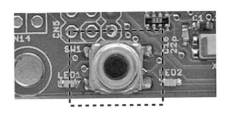

▶ C言語関数
BYTE getSW()

ボタン状態取得。CPUボード上の押しボタンの状態を取得する。

戻り値
0：off

1：on

▶ ポート
PIO0_1

A2.2.6 アナログセンサ入力（CN6、7、8、9）

　CPUボードには、4 ch（拡張ボードVS-WRC004LVを使用すると＋3 ch）のアナログセンサ入力を搭載しています。「ビュート」「ビュートチェイサー」「ビュートローバー」やVS-WRC003、VS-WRC003LVに対応したセンサデバイスもそのまま接続できます。CN8（AN3）、CN9（AN4）には、別途コネクタをはんだ付けする必要があります。

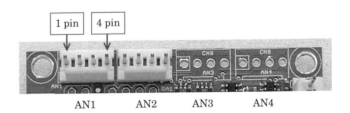

　自作のアナログ入力デバイスを接続する場合は、各ピンの仕様に従って作成してください。

付録 2　VS-WRC103LV

▶ ピン配置

1 pin：＋ 3.3 V（電源、赤外エミッタカソード）

2 pin：100 Ω − GND（赤外エミッタアノード）

3 pin：GND

4 pin：信号入力（＋ 3.3 V プルアップ）

▶ C 言語関数

UINT ADRead(BYTE ch)

AD 入力値取得。A/D 変換の入力値を取得。

引数

チャンネル（0 〜 7 ＝ 1 〜 8）

戻り値

A/D 変換の値（0 〜 1023）

▶ ポート

VS-WRC103LV

CN6（AN1）PIO0_11

CN7（AN2）PIO1_0

CN8（AN3）PIO1_1

CN9（AN4）PIO1_2

VS-WRC004LV（オプション）

CN7（AN5）PIO1_3

CN8（AN6）PIO1_4

CN9（AN7）PIO1_10

⟨ A2.2.7 ⟩ IXBUS（CN13）

このポートは、IXBUS 拡張基板を接続するためのコネクタです。ビュートビルダー 2 で使用する場合は、ジャイロ／加速度センサ拡張ボード VS-IX001、アナログ入力拡張ボード VS-IX008 を使用することができます。使用する場合、必ず基板上の DIP スイッチの 3、4 を OFF にしてください。

146

VS-IX001、VS-IX008の出力はすべて0〜4095の間で出力されます。

C言語でプログラミングする場合、すべてのボードが使用可能です。また、IXBUS拡張で使用するポートとは別にシリアル通信用ポート（SCI3、1、2 pin）も備えています。

▶ ピン配置

1 pin：PIO1_7（TXD）
2 pin：PIO1_6（RXD）
3 pin：RES
4 pin：NC
5 pin：PIO0_4（SCL）
6 pin：PIO0_5（SDA）
7 pin：＋5 V
8 pin：＋V_{bat}
9 pin：＋3.3 V
10 pin：GND

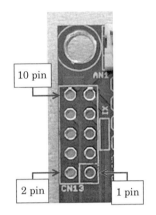

A2.2.8　VS-C1接続用コネクタ（CN14）

このポートは、無線コントローラVS-C1を接続するためのコネクタです。接続するためには別途無線コントローラ接続セットが必要です。

▶ ピン配置

1 pin：NC
2 pin：NC
3 pin：PIO3_3
4 pin：PIO3_0
5 pin：PIO3_1
6 pin：PIO3_2
7 pin：＋5 V
8 pin：＋V_{bat}
9 pin：＋3.3 V
10 pin：GND

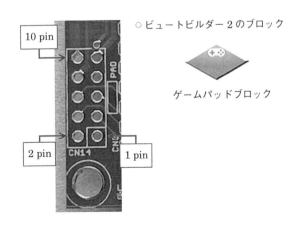

○ビュートビルダー2のブロック

ゲームパッドブロック

付録 2　VS-WRC103LV

A2.2.9　拡張 I/O（CN5、CN10）

このポートは、CPU ボード内では使用していない I/O ポートをまとめたコネクタとなります。
このポートには I/O 拡張ボード「VS-WRC004LV」を接続することができます。C 言語サンプルソースは VS-WRC004LV を使用する前提で記述されていますので、この拡張 I/O を使用する際はご注意ください。

▶ CN10 ピン配置

1 pin：NC
2 pin：NC
3 pin：NC
4 pin：NC
5 pin：NC
6 pin：PIO2_9
7 pin：NC
8 pin：PIO2_8

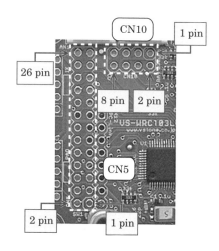

▶ CN5 ピン配置

1 pin： PIO1_10/AD6
2 pin： PIO1_4/AD5
3 pin： PIO1_3/AD4
4 pin： NC
5 pin： NC
6 pin： NC
7 pin： PIO0_10
8 pin： PIO0_9
9 pin： PIO1_7
10 pin：PIO1_6
11 pin：PIO2_11
12 pin：PIO2_10
13 pin：PIO2_11

14 pin：PIO2_11
15 pin：PIO1_5
16 pin：PIO0_2
17 pin：PIO2_7
18 pin：PIO2_6
19 pin：PIO2_5
20 pin：PIO2_4
21 pin：RES
22 pin：NMI
23 pin：＋5 V
24 pin：＋V_{bat}
25 pin：＋3.3 V
26 pin：GND

A2.2.10 LPC-Link 接続ポート（CN12）

このポートは、NXPセミコンダクターズ製の評価ボードLPCXpressoなどに付属しているデバッガ「LPC-Link」を接続できるポートです。このポートに「LPC-Link」を接続することで、開発環境LPCXpressoIDEで、デバッグ（ブレークポイントでのプログラム一時停止、マイコン内部のメモリ、変数の確認など）を行うことができるようになります。

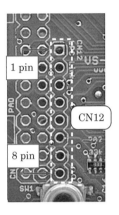

▶ ポート

1 pin：＋3.3 V
2 pin：PIO1_3/SWDIO
3 pin：PIO0_10/SWCLK
4 pin：PIO0_9/SWO
5 pin：NC
6 pin：RES
7 pin：＋5 V
8 pin：GND

付録2 VS-WRC103LV

A2.3 回路図

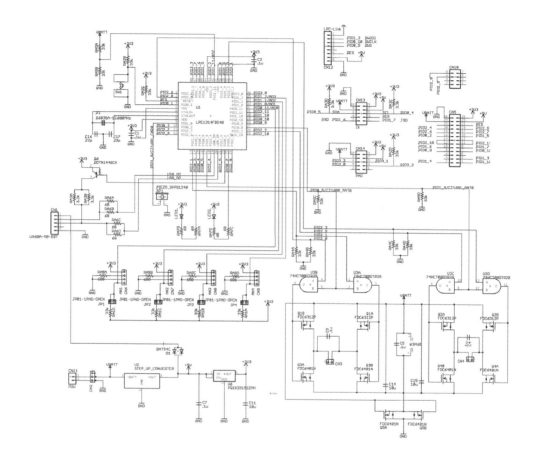

付録 3

プログラムマスター解説

A3.1 プログラムマスターとは

プログラムマスターは、ブロックを並べるだけの簡単な操作で、シミュレータ上のロボットを動かすためのプログラムが作成可能な Web サイトです。初めてプログラムに触れる人が、ゲーム感覚で基本的なプログラミングの考え方を身につけるための教材としても活用できます。

本書の本編は C 言語の文法面の解説に重きを置いていますので、プログラミング的思考力について学びたいという人は挑戦してみるとよいかもしれません。またシミュレータ上のロボットはビュートローバーをベースモデルとして作成され、赤外線センサ機能も持っているので、本編の内容とも容易にリンクできます。

A3.2 起動方法

プログラムマスターは HTML5 に対応した一般的な Web ブラウザ上で動作します。ソフトウェアのインストールなどは必要ありません。下記 URL にアクセスし、図 A3.1 のような画面が開ければ起動完了です。PC だけではなく iPad や Android のタブレットからも使用することができます。

```
https://www.vstone.co.jp/programmaster/
```

詳細な動作要件はヴイストン株式会社のプログラムマスター紹介ページをご覧ください。

```
https://www.vstone.co.jp/products/programmaster/#04
```

付録3 プログラムマスター解説

A3.3 画面構成

プログラムマスターの起動画面を図 A3.1 に示します。使用するデバイスやブラウザの環境などによって多少見た目が変化する場合があります。

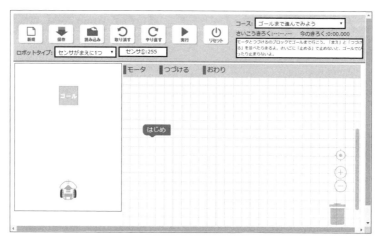

図 A3.1 プログラムマスター起動画面

図 A3.2 を使って、各部の機能を確認してみましょう。

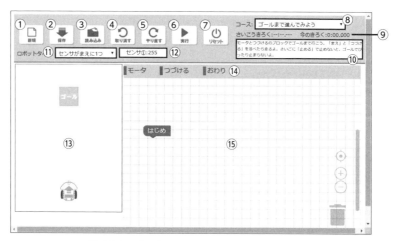

図 A3.2 プログラムマスターのインタフェース

図中の各番号のボタンや領域について説明します。

152

① 新規ボタン：新しいプログラムを作成します。すでにプログラムを作成している場合、保存しなければ消えてしまいます。

② 保存ボタン：作成したプログラムを PC・タブレットなどのローカルに保存します。iOS では対応していません。

③ 読み込みボタン：ローカルに保存したプログラムを開きます。iOS では対応していません。

④ 取り消すボタン：直前の操作を取り消します。

⑤ やり直すボタン：取り消した操作を元に戻します。

⑥ 実行ボタン：作成したプログラムを実行し、シミュレータのロボットを動作させます。

⑦ リセットボタン：シミュレータを初期状態にリセットします。

⑧ コース選択ボタン：挑戦するコースを選択します。

⑨ 記録表示：コースの課題を達成するのに要した時間を表示します。

⑩ コース・課題説明表示：コースや課題の情報・ヒントを表示します。

⑪ ロボットタイプ選択ボタン：ロボットに取り付けられているセンサの位置や個数を選択できます。

⑫ センサ値表示：センサ値を 0 〜 255 で表示します。

⑬ シミュレータ：作成したプログラムに従ってロボットが動作する様子を表示します。

⑭ ツールボックス：プログラムで使用するブロックはここで選択できます。選択しているコースによって使えるブロックが変化します。

⑮ プログラムエリア：ここにブロックを並べることでプログラムを作成します。

A3.4 シミュレータを使ってロボットを走らせよう

　では早速、プログラムマスターの基本操作の学習を兼ねて、シミュレータ上のロボットを走らせてみましょう。

　コースは「ゴールまで進んでみよう」を使用します。違うコースが選択されている場合は、コース選択ボタンから選択しなおしてください。

　「ゴールまで進んでみよう」は、スタート位置からロボットを走らせ、黄色いゴールエリア上で停止させることが目標のコースです。ここでは、ロボットを走らせて任意の位置で停止させるという基本動作を通じて、プログラムの基本とプログラムマスターの操作方法を学びます。

　プログラムマスターでロボットを動かすためのプログラムは、「はじめ」ブロックの下にさまざまな命令ブロックをつなげていくことで作成します。ここではロボットを走らせる必要があります。ロボットを走らせるときには、「モータ」ブロックを使用します。

　ツールボックスの「モータ」タブをクリックしてみましょう。

付録3　プログラムマスター解説

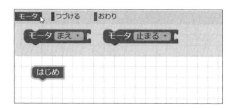

図 A3.3　ツールボックスの「モータ」タブ

　各タブをクリックすると、関連するブロックが表示されます。使いたいブロックをドラッグ＆ドロップでプログラムエリアの任意の位置に配置できるほか、一度クリックするだけでも配置することができます。タブレットであれば、使いたいブロックにタッチしたまま、どこか適当なところで放すという操作になります。

　では、「モータ（まえ）」ブロックをプログラムエリアに置いてみましょう。

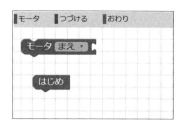

図 A3.4　「モータ」ブロックを配置

　これでプログラムエリアにブロックを追加することができました。しかしこの状態では「はじめ」ブロックと「モータ」ブロックはつながっていませんので、プログラムは動作しません。プログラムは、「はじめ」ブロックからスタートし、そこに接続されたブロックを順番に実行していくことで動作します。両者を接続するために、ドラッグ＆ドロップやタッチを使って、「モータ」ブロックを「はじめ」ブロックの少し下に持っていきましょう。すると、図A3.5に示すように、「はじめ」ブロックの下向きのつなぎ目（とんがり）が光りだしますので、そこで「モータ」ブロックを放してあげることで、両者をつなぐことができます。これで「はじめ」ブロックの次に「モータ」ブロックの命令が実行される状態になりました。

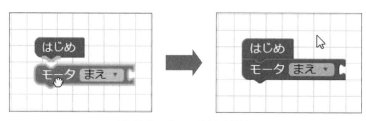

図 A3.5　ブロック同士の接続

同じようにして、図 A3.6 のようなプログラムを作ってみましょう。「つづける」ブロックおよび「おわり」ブロックは、それぞれのツールボックス内に存在します。

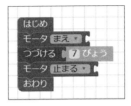

図 A3.6　プログラム例 1

図 A3.6 のプログラムを上から順に解説すると、以下のようになります。

① プログラムを始める
② モータに前進命令を出す
③ 直前の状態を 7 秒間つづける
④ モータに停止命令を出す
⑤ プログラムを終わる

では、作成したプログラムを動作させてみましょう。画面上部のボタンの中から、「実行」ボタンを 1 度クリックしてください。プログラムに従ってロボットが前進を始め、ゴールで停止すれば成功です。図 A3.7 のように、課題達成時間が記されたメッセージが表示されます。

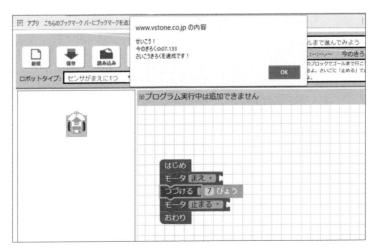

図 A3.7　課題達成時のメッセージ

ロボットが動かなかったりゴールで停止しなかった場合は、ブロック同士の接続がうまくいっていなかったり、異なる順番で接続されていることが考えられます。プログラムを確認してみましょう。

A3.5 「くり返し」ブロックを使ってみよう

ここでは、コース「全部の☆を順番に取ろう」を使って、C言語のfor文、while文にあたる「くり返し」ブロックの使い方を学びます。「くり返し」ブロックを用いれば、長くわかりにくいプログラムを短くわかりやすくする「プログラムの効率化」を行うことができます。効率的なプログラムを作成することも、プログラミング的思考力の重要な要素です。

図A3.8 全部の☆を順番に取ろう

このコースには、左上に①、右上に②、右下にゴールが存在します。課題は、ロボットを①→②→ゴールの順番で移動させ、ゴール上で停止させれば達成となります。ここでは、ツールボックスに新たに追加された「くり返し」ブロックを活用するかしないかで、プログラムの完成度に大きな差が生まれます。

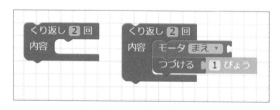

図A3.9 くり返しブロック

新しくプログラムを作成しますので、上部のボタンから「新規」をクリックしましょう。プログラムを残しておきたい人は、「保存」ボタンでローカルに保存することが可能です（iOSは保存機能に対応していません）。

ツールボックスの「くり返し」を選択し、「くり返し」ブロックをプログラムエリアに置いてみましょう。図 A3.9 に示すように、「くり返し」ブロックは「モータ」ブロックなどと異なり、逆コの字型をしており、このくぼみの部分にはブロックを挟むことが可能です。「くり返し」ブロックは、くぼみに挟まれたブロックを、指定された回数だけ繰り返すブロックなので、図 A3.9 の右側の例では、前に 1 秒進むという動作を 2 回行うことになります。

また、見れば明らかですが、このコースは真っすぐ前に走るだけではクリアすることができません。ロボットはビュートローバー同様、横には移動できませんので、途中で適切な方向に曲がる必要があります。そこで、「モータ」ブロックの移動方向を変える方法を確認しておきましょう。

図 A3.10 モータブロックの動作変更

「モータ」ブロックの移動方向を示している部分をクリックすると、プルダウンメニューが表示されますので、必要な移動方向を選択してください。それぞれが実際にどのように動作するのかは、シミュレータを使って確認してみてください。

では、コース「全部の☆を順番に取ろう」をクリアするためのプログラムを見てみましょう。比較のために、「くり返し」ブロックを使用したものと、していないものの 2 種類を用意しました。

 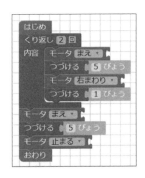

「くり返し」ブロックなし　　　　「くり返し」ブロックあり

図 A3.11 コース「全部の☆を順番に取ろう」のプログラム

左側の「くり返し」ブロックを使用していないプログラムに比べて、右側の使用したプログラムは短く、読みやすさも上です。プログラムが長くなればそれだけ容量も消費しますし、読みづらいプログラムは、ほかの人に説明するときや後で自分が見返すときにとても苦労します。このコースではそこまで大きくない差も、長いプログラムになると非常に大きな問題となります。プログラムは「人に見せる資料」だと思って作成しましょう。

　実際にシミュレータで、それぞれがきちんと動作するかを確認してみてください。また、コース「たくさんの☆をくり返しで取ろう」では、さらに「くり返し」ブロックの働きが大きくなりますので、こちらにもチャレンジしてみてください。

A3.6　「条件分岐」を使ってみよう

　C言語の基本的な構文に条件分岐のif文があることは、第2章で解説したとおりです。プログラムマスターにも条件分岐を扱うため、「はい/いいえ」ブロックが存在しています。ここでは、コース「黒い線をなぞってみよう」を使って、条件分岐そしてセンサを使ったプログラムの作成に挑戦しましょう。

　コース「黒い線をなぞってみよう」の課題は、黒い線に沿って☆を回収し、最後にゴールエリアで停止することです。2つのセンサを使って、ロボットをうまくコントロールできるプログラムが必要となります。

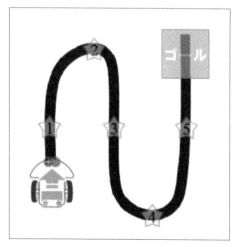
スタート

ゴール

図A3.12　「黒い線をなぞってみよう」のスタートとゴール

もちろん、これまで作ってきたプログラムと同様に、「モータ」ブロックと「つづける」ブロックを使って☆を集めながらゴールに行くことも可能でしょう。しかし、それではスマートではありません。ロボットに自分で判断して動いてもらう"自律動作"を実現しましょう。

自律動作を実現するためには、ロボットが状況を判断するための材料となる、さまざまな情報が必要となります。それを集めるのが、センサの役割です。このコースでは標準で、ロボットの前部に2つの床センサが取り付けられています。床センサは床の色によって出力される値が変化するセンサです。

センサの値は0～255で、画面上部に表示されています。ロボットをドラッグして移動させ、左のセンサと右のセンサのどちらがセンサ①でどちらがセンサ②なのか、また出力値と床の色はどのような関係にあるのかを確認しましょう。なお、ゴールや☆マークは黄色で描かれていますが、人間の目にしか見えない扱いとなっていますので、センサ値には影響ありません。床の色とセンサの振る舞いについて理解できましたら、リセットボタンを押してロボットを初期位置に戻しておきましょう。

プログラムを作成する前に、条件分岐の「はい／いいえ」ブロックについて解説します。単体の「はい／いいえ」ブロックを図A3.13に示します。「はい／いいえ」ブロックはアルファベットのEのような形をしており、くぼみの部分にはそれぞれほかのブロックを接続することができます。ブロック上部には条件文が書かれており、条件を満たせば上のくぼみに接続されたブロックを、満たさなかった場合は下のくぼみに接続されたブロックを実行します。条件文の部分は左から順番に、「センサ①」「センサ②」、閾値、「小さい」「大きい」を変更することができます。

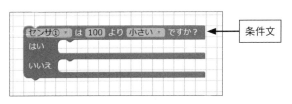

図A3.13 「はい／いいえ」ブロック

それでは、「はい／いいえ」ブロックを使って、黒い線をなぞりながら移動し、ゴールで停止するプログラムを考えてみましょう。線をなぞるライントレースの考え方については第3章で詳しく解説されていますので、そちらをご覧ください。

一方、ゴールで停止するためにはどのようなプログラムが必要になるでしょうか。ゴールを判定して止まるという動作になるでしょうから、ゴールだけを識別することができる条件文を見つけなければなりません。プログラミング的思考力の向上には、目的を達成するために必要な手順を導き出し、システムを構築する力を身につけることが重要です。シミュレータのロ

付録3　プログラムマスター解説

ボットをドラッグして、ゴール判定ができそうな条件を考えてみましょう。

では、コース「黒い線をなぞってみよう」をクリアするためのプログラムを図 A3.14 に示します。このプログラムには、センサ①に関する条件文を持つ2つの「はい/いいえ」ブロックと、センサ②に関する条件文をもつ1つの「はい/いいえ」ブロックの、計3つの条件分岐が使われています。特に、センサ②の「はい/いいえ」ブロックは、センサ①の「はい/いいえ」ブロックの中に入っています。これは"入れ子"といい、条件分岐の中に条件分岐を入れたり、くり返しの中にくり返しを入れたりすることを指します。こうすることで、「複数の条件を満たしたときだけ特定の動作を行う」といったより複雑な命令を実現することができるのです。

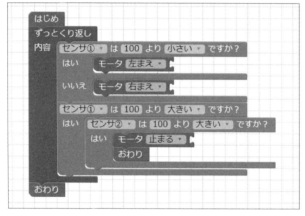

図 A3.14　コース「黒い線をなぞってみよう」のプログラム1

このプログラムは、「黒い線をなぞる部分」と「ゴールで停止する部分」に分けることができます。1つ目のセンサ①の「はい/いいえ」ブロックは、「黒い線をなぞる部分」にあたります。センサ値が 100 未満であれば左まえ方向に移動し、100 以上であれば右まえ方向に移動しています。センサ値は、床が黒に近いほど小さな値となり、逆に白に近いほど大きな値となります。したがって、この条件分岐によってロボットは、黒線上にいる間は左まえ方向に移動し、白い床に出ると右まえ方向に移動しますので、ロボットは黒線の進行方向左側の境界に沿って走行するはずです。シミュレータを使ってロボットを走らせ、予想どおりの動きをしているか確認してみましょう。

一方、2つ目のセンサ①の「はい/いいえ」ブロックとセンサ②の「はい/いいえ」ブロックは、「ゴールで停止する部分」にあたります。モータが止まりプログラムが終わる条件として設定されているのは、センサ①の値が 100 以上かつセンサ②の値も 100 以上という条件です。つまり、両方のセンサが白になったときにロボットが停止するというプログラムになっています。ゴールまでは、黒線をたどっていましたので、常にどちらかのセンサが黒線上にあり

ました。ゴールになって初めて、両方のセンサが黒線上にない状態が生まれるということです。

　ちなみに、このプログラムはもう少し効率化する余地があります。よく見ると、1つ目のセンサ①の条件分岐で「いいえ」になる条件と、2つ目のセンサ①の条件分岐で「はい」になる条件は、ほとんど一緒であることがわかります。厳密には「〜より大きい」と「〜以上」の違いがありますので完全に一緒とはいえませんが、十分に誤差といえる小さな差です。そこで、条件分岐分をまとめて図A3.15に示すようなプログラムを作成しました。

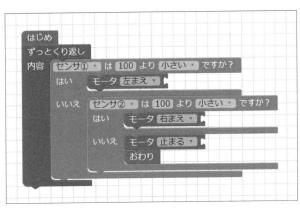

図A3.15　コース「黒い線をなぞってみよう」のプログラム2

　大きく2つに分かれていた条件分岐を1つにまとめることができました。1度のくり返しにかかる時間が図A3.14のプログラムよりも短くなっているはずですので、どのような違いが生まれるかシミュレータで確かめてみましょう。

A3.7　まとめ

　以上で、プログラムマスターの解説は終了です。プログラムマスターには今回解説していないコースもまだまだたくさん存在しますので、ぜひそちらも遊んでみてください。

　プログラミングを行うときには、使用する言語の文法を理解することももちろん大切ですが、問題を解決し、作りたいものを作るためのプログラミング的思考力が何よりかかせません。両方が鍛えられるように、学習と実践をしっかり行いましょう。

索引

ア行

アイスクエアドシー	112
アイツーシー	112
アドレス	67
アナログ入力	86
移植性	33
インデント	39
オブジェクトファイル	34

カ行

拡張部品	99
型指定子	43
可読性	33
関数	37, 46
偽	56
ギアボックス	5
繰返し構造	54
高級言語	33
コメントアウト	39
コンパイラ	34
コンパイル	34

サ行

サンプルプログラム	21
サンプルプロジェクト	24
四則演算	44
周期	84
自由書式	38
周波数	84
条件式	56
小数	41
シリアル通信	127
真	56
数式	44
ストップビット	128
整数	41
整数型	43
赤外線センサ	5, 86, 92
セミコロン	37
選択構造	58
ソースコード	34
ソースファイル	34

タ行

代入演算子	45
タイマ	90
タイマ／カウンタ機能	79

163

索引

単精度実数型 43
短長整数型 43

調歩同期方式 127

低級言語 33
定数 41
デバッグ 51
デューティー比 78

統合開発環境 36

ハ行

倍精度実数型 43
倍長整数型 43
配列変数 64
パラレル通信 127
バランサー 2 プログラマ 134
パリティビット 128
反射型フォトセンサ 92

比較演算子 56
引数 47
ビット演算 62
ビットシフト 63
非同期通信 127
ビュートバランサー 2 134
ビュートローバー ARM 5
ビルド 27
ビルドエラー 51

ブザー 82
浮動小数点定数 41
プリプロセッサ 39

プログラミング 33
プロジェクト 36

ペアリング 130
変数 43

ポインタ 66
ボールキャスター 5
ボーレート 128

マ行

無限ループ 37
無線コントローラ 108

メガローバー 124

文字型 43
文字定数 41
文字列 41,66
モータドライバ 78
戻り値 47

ヤ行

予約語 39

ラ行

ライントレース 91,93

リンカ 34
リンク 34

レジスタ 75

ロータリーエンコーダ	99	
論理演算子	56	

ワ行

ワークスペース	21

英数字

A/D 変換	87
ADCInit	87
ADRead	69, 87
AND	62
Arduino	112
ARM マイコン	1
ASCII コード	66
Bluetooth	125, 129
BuzzerSet	83
BuzzerStart	84
BuzzerStop	85
char	43
ClearEncoder	102
const	50
Cortex-M3	2
CPU コア	1
CPU ボード	21
C 言語	7, 33
DC モータ	78
do/while	54
double	43
else if	60

Error	51
float	43
for	54
Get_uint8	115
GetAverage	71
GetEncoder	102
getPAD	109
GetSensor	69
getSW	60
GPIO	74
GPIOSetValue	75
I/O 拡張ボード	104
I²C	112
I2C_Init	115
IDE	36
if	58
InitEncoder	102
InitSci3	132
int	43
IoT 機器	1
IXBUS	112
LED	73
LED 点滅	49
long	43
LPC1343	3
LPCXpresso	7
main 関数	46
MOSFET	113
Mtr_Run_lv	79

索引

NOT 62

OR 63

PCA9306 114
PID 制御 106
Problems 52
PWM 78

SciByteRx 132
SciByteTx 132
Send_uint8 120
Serial Bluetooth Terminal 130
short 43
switch/case 58
Sync 90

Thumb-2 命令 2

UART 127
updatePAD 109

VS-BT003 125
VS-C3 108
VS-WRC004LV 104
VS-WRC006 124
VS-WRC103LV 2

Wait 75
while 37, 57

XOR 63

2 進数 41
16 進数 41

〈編者略歴〉

ヴイストン株式会社

　2000 年 8 月に大阪大学大学院工学研究科の石黒浩教授の技術を事業化するために設立。

　2004 年より本格的にロボット事業に参入し，ロボカップ世界大会で 5 連覇を達成した。

　ロボットの持つ大きな可能性に着目し，研究・開発用ロボット，教材用ロボットやコミュニケーションロボットなどの分野にて，独創的な製品作りを続けており，ロボット制御システムの開発やクラウドサーバとの連携，機械学習を活用した自律対話エンジンの開発を行うなど，包括的なロボットソリューションを実現している。

- 本書の内容に関する質問は，オーム社書籍編集局「(書名を明記)」係宛に，書状または FAX（03-3293-2824），E-mail（shoseki@ohmsha.co.jp）にてお願いします．お受けできる質問は本書で紹介した内容に限らせていただきます．なお，電話での質問にはお答えできませんので，あらかじめご了承ください．
- 万一，落丁・乱丁の場合は，送料当社負担でお取替えいたします．当社販売課宛にお送りください．
- 本書の一部の複写複製を希望される場合は，本書扉裏を参照してください．

[JCOPY] ＜(社)出版者著作権管理機構 委託出版物＞

ARM マイコンによる組込みプログラミング入門
―ロボットで学ぶ C 言語― 改訂 2 版

平成 23 年 6 月 15 日	第 1 版第 1 刷発行
平成 30 年 5 月 25 日	改訂 2 版第 1 刷発行

監 修 者　ロボット実習教材研究会
編　　者　ヴイストン株式会社
発 行 者　村 上 和 夫
発 行 所　株式会社 オーム社
　　　　　郵便番号　101-8460
　　　　　東京都千代田区神田錦町 3-1
　　　　　電話　03(3233)0641(代表)
　　　　　URL　https://www.ohmsha.co.jp/

© ロボット実習教材研究会・ヴイストン株式会社 2018

組版　トップスタジオ　　印刷・製本　壮光舎印刷
ISBN978-4-274-22229-0　Printed in Japan

ロボットのことを知るなら、ロボマガが一番

A4変形判　偶数月15日発売（隔月刊）
本体1,000円＋税

URL	https://www.ohmsha.co.jp/robocon/	
メールマガジン	https://www.ohmsha.co.jp/robocon/s_robocon.htm	
facebook	https://www.facebook.com/robomaga	
Twitter ID	@robomaga	

もっと詳しい情報をお届けできます。
○書店に商品がない場合または直接ご注文の場合も右記宛にご連絡ください。

ホームページ　https://www.ohmsha.co.jp/
TEL／FAX　TEL.03-3233-0643　FAX.03-3233-3440

（本体価格は変更される場合があります）

C-1712-144